WISSENSCHAFTLICHE GESELLSCHAFT
FÜR LUFTFAHRT E.V.
(WGL)

ARBEITEN
ZUR LUFTNAVIGIERUNG

HERAUSGEGEBEN
VOM NAVIGIERUNGSAUSSCHUSS
DER WGL

MIT 72 ABBILDUNGEN

MÜNCHEN UND BERLIN 1927
DRUCK UND VERLAG VON R. OLDENBOURG

Vorwort.

Nach langer Pause ist der »Navigierungsausschuß der Wissenschaftlichen Gesellschaft für Luftfahrt« wieder in der Lage, den Mitgliedern der Gesellschaft sowie der gesamten, an den einschlägigen Fragen interessierten Öffentlichkeit die Frucht seiner Arbeit vorzulegen.

Die nachstehenden zusammenfassenden, der Feder der Herren Boykow, Everling und Koppe entstammenden Überblicke über einige der wichtigsten Aufgaben der Navigation von Luftfahrzeugen und über die bisher versuchten Methoden und Apparate zu deren Bewältigung dürften den Nachweis erbringen, daß unser Ausschuß sich ernsthaft bemüht, den ihm bei seiner Einsetzung gesteckten Zielen nach Möglichkeit nahezukommen.

Es liegt im Wesen solcher Übersichten über das bisher Geschaffene, daß sie bald nach Erscheinen schon unvollständig werden, wenn es sich nicht um einen toten Wissenszweig oder um rein historische Betrachtungen handelt. Wieviel rascher muß dieser Fall eintreten, wenn es um Probleme der Luftfahrt geht, deren stürmisches Entwicklungstempo seinesgleichen in der Geschichte der Technik nicht findet! Es sei deswegen den Unterzeichneten gestattet, im Namen der oben genannten, auf den von ihnen bearbeiteten Gebieten gewiß nicht inkompetenten Verfasser um Verständnis und Nachsicht für etwaige, sich vielleicht binnen kurzem bereits fühlbar machende Lücken zu bitten. Der Navigierungsausschuß wird sich der Pflicht bewußt bleiben, durch Nachträge, sei es durch Artikel in der Zeitschrift für Flugtechnik und Motorluftschiffahrt (ZFM), sei es in anderer Form, für notwendige Ergänzungen zu sorgen.

Berlin, im Juli 1927.

Wissenschaftliche Gesellschaft für Luftfahrt.

A. Berson,	G. Krupp,
Vorsitzender des Navigierungsausschusses.	Geschäftsführer.

Inhaltsverzeichnis.

Die Platzorientierung im Luftfahrzeuge bei Nacht (Signalwesen) unter Ausschluß der Funkentelegraphie.

Von Korv.-Kapitän a. D. **H. Boykow,** Berlin.

Für jedes Luftfahrzeug, vor allen Dingen jedes Flugzeug, ist es bei nächtlicher Fahrt sehr wichtig, jederzeit über den momentanen Standort unterrichtet zu sein, um, im Falle es zu einer erzwungenen Landung schreiten muß, die nötigen Dispositionen über Richtung und Weite des notwendigen Gleitfluges treffen zu können. Noch wichtiger ist es für das Flugzeug, das zur Landung schreitet, freiwillig oder gezwungen, den Landungsplatz als solchen landungsmäßig erfassen zu können. Es bestehen also prinzipiell zwei verschiedene Aufgaben für die Signalisierung:

1. Die Streckenmarkierung bzw. Weitorientierung,
2. Die Markierung eines Landungsplatzes an sich.

Die Lösung dieser zwei Aufgaben ist auf verschiedene, mehr oder weniger vollkommene Weise möglich. Zunächst sollen die Bedingungen aufgestellt werden, die eine gute, brauchbare Lösung erfüllen muß.

Als oberster Grundsatz ist aufzustellen, daß, wo möglich, der Führer allein ohne Unterstützung eines ev. Orters sich vollständig orientieren können muß. Dies bedingt eine stark sinnfällige Wirkung der Orientierungsmittel, deren Eindrücke jede geistige Umarbeitung überflüssig macht. Die Streckenmarkierung muß also so beschaffen sein, daß der Führer ohne vieles Nachdenken sofort das betreffende Signal erkennen und lokalisieren kann.

Die Markierung des Landungsplatzes zerfällt in zwei Gruppen: einmal den systemisierten Flughafen und das andere Mal den Notlandeplatz. Für den systemisierten Flughafen ist es unbedingt erforderlich, daß dem ankommenden Flugzeug unter allen Umständen eine sichere Landung gewährleistet ist. Dies bedingt die Kenntnis der Platzgrenzen, der Platzfläche und der Richtung des Bodenwindes. Die Kenntlichmachung der Platzfläche muß so beschaffen sein, daß sie im Notfalle unabhängig von der Bodensicht ist. Man wird also im Bedarfsfalle verschiedene Mittel anwenden müssen. Für den Notlandeplatz ist es von größter Wichtigkeit, daß das Luftfahrzeug mit (eigenen) Bordmitteln sich die Landungsfläche selbst kenntlich machen kann, d. h., es muß imstande sein, auch auf einem nicht hergerichteten Platz ohne örtliche Hilfsmittel mit eigenen Mitteln eine möglichst sichere Landung bei völlig weggenommenem Gase zu bewerkstelligen.

Es sollen nun die verschiedenen Mittel prinzipieller Art, die diese Forderungen ganz oder teilweise erfüllen können, besprochen werden.

1. Die Streckenmarkierung.

Die Streckenmarkierung hat den Zweck, das Flugzeug auf der normalen Verkehrsroute zu halten. Sie muß so beschaffen sein, daß der Führer stets wenigstens einen Markierungspunkt sieht, um auf diese Weise schnurgerade seinen Kurs zu fliegen und Zeit und Betriebsstoff zu sparen. Wenn man die Funkortung als nicht in den Rahmen dieser Arbeit gehörend ausschaltet, bleiben für die Streckenmarkierung eigentlich nur mehr optische Signale übrig. Von diesen optischen Signalen muß man verlangen, daß sie sinnfällig sind, d. h. also, von oben gesehen, stark auffallen und daß sie eine eindeutige Kennung haben, und zwar sowohl was die Route anbetrifft als auch das einzelne Signal. Dieses Ziel kann auf verschiedenen Wegen erreicht werden. Die hauptsächlichen Lösungen sind einmal die Morsekennung, das andere Mal bestimmte geometrische Anordnungen einer Mehrzahl von Lichtern. Beide Methoden haben ihre Anhänger, die darauf schwören. Diejenigen Flieger, die in einem früheren Berufe zur See gefahren sind, werden wohl in der Mehrzahl die Morsekennung bevorzugen, da sich dieselbe an die übliche Küstenbefeuerung für die Seeschiffahrt anlehnt. Reine Landflieger, denen die Morsekennung zunächst vielleicht etwas ungewohnt ist, werden wenigstens teilweise die geometrischen Lichterfiguren bevorzugen. Rein sachlich muß gesagt werden, daß vielleicht die geometrische Anordnung vieler Lichter für jemanden, der nicht an Morsesignale gewöhnt ist, sinnfälliger erscheint. Dem steht aber gegenüber, daß die Morsekennung eine viel größere Anzahl von Kombinationen zuläßt und bei geeigneter Anordnung auch billiger im Betriebe ist.

Ein solches Streckenfeuer mit Morsekennung muß folgende Bedingungen erfüllen:

Es muß bei normalen Sichtverhältnissen auf mindestens 20 bis 30 km sichtbar sein, muß eindeutig die Route und das betreffende Feuer dieser Route markieren und muß in weitestgehendem Maße selbsttätig arbeiten. Ein sehr wichtiger Punkt für die Beurteilung eines solchen Feuers ist auch der Kostenpunkt, sowohl der Anschaffung als auch des Betriebes. Neben den Herstellungskosten und den Kosten für Instandhaltung und Wartung spielt auch der Stromverbrauch eine erhebliche Rolle, und gerade in diesem Punkte ist das Feuer mit Morsekennung naturgemäß

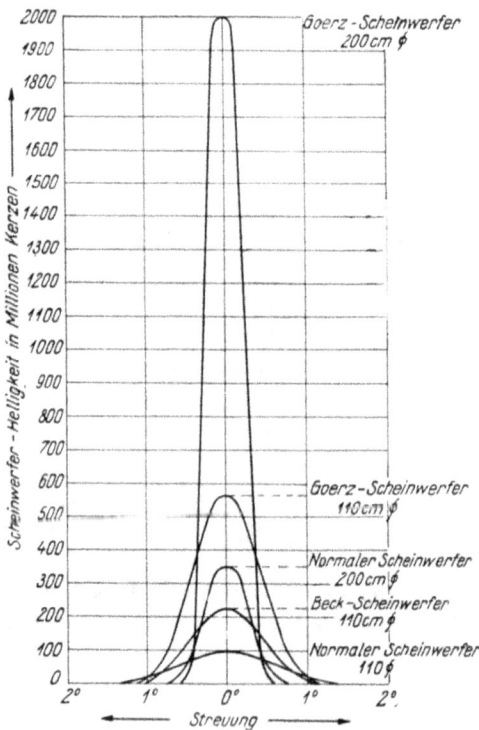

Abb. 1.

der geometrischen Anordnung vieler Lichter sehr stark überlegen. Da von verschiedenen Seiten an der Lösung dieser Aufgabe gearbeitet wird, steht zu erwarten, daß in Bälde ein wirklich brauchbares Streckenfeuer herausgebracht werden wird. Die auf den verschiedenen Nachtversuchsstrecken im Gebrauch stehenden Streckenfeuer sind alle mehr oder weniger als Improvisationen anzusehen, die vielleicht den kommenden Typ ahnen lassen, ihn aber keineswegs darstellen.

In die vielen einzelnen Markierungspunkte einer solchen Strecke müssen an den großen Plätzen starke, weithin sichtbare Feuer postiert werden, deren Lichtstärke ihnen gestattet, auch bei ungünstigen Sichtverhältnissen zu wirken. Hierzu eignen sich vor allen Dingen die großen Scheinwerfer von etwa 1 bis 2 m Durchmesser und Lichststärke von etwa 500 bis 2000 Millionen Kerzen. Gerade die

Abb. 2.

Scheinwerfertechnik hat in letzter Zeit ganz ungeheure Fortschritte gemacht durch die Schaffung von überlasteten Effektkohlen, wie sie hauptsächlich zuerst von Beck konstruiert wurden und in der daraus hervorgegangenen „Goerz-Beck-Lampe" ganz Erstaunliches an Lichtstärke leisten. Eine Gegenüberstellung der Leistungen dieser neuen Scheinwerfer und der normalen ist in der Abb. 1 sichtbar gemacht.

Das Licht eines solchen Scheinwerfers ist bei normalen Sichtverhältnissen und entsprechender Höhe des Flugzeuges auf gut 200 km sichtbar. Eingehende Versuche der Amerikaner in Dayton (Ohio) haben diese Tatsache erhärtet. Es hat sich dabei herausgestellt, daß dieses rotierende Scheinwerferlicht bei geeigneter Anordnung mit keinem andern Signal verwechselt werden kann. Ein versuchsmäßig seit längerer Zeit auf dem Flugplatz Tempelhofer Feld aufgestellter Goerz-Scheinwerfer von 110 cm Durchmesser und 560 Millionen Kerzen Maximallichtstärke hat auch hier bewiesen, daß große Scheinwerfer mit entsprechenden Lichtstärken nötig sind, um auch recht ungünstige Sichtverhältnisse überwinden zu können. — Die Abb. 2 zeigt diesen Scheinwerfer in Tätigkeit.

1*

2. Markierung des Landungsplatzes.

Die Fernmarkierung des Landungsplatzes ist bereits im letzten Teil des vorhergehenden Absatzes behandelt worden. Es ist wohl zweifellos, daß hierzu, abgesehen von Funksignalen, der große Scheinwerfer das geeignetste Mittel darstellt. Man könnte sich ja noch andere Mittel denken, Raketen, Leuchtgranaten usw., die, in beliebige Höhe emporgesandt, entsprechende Signale geben. Man wird vielleicht auch unter Umständen, im Notfalle, auf derartige Mittel, wenigstens Raketen, zurückgreifen, wenn genügende Kautelen für die Sicherheit getroffen werden. Keinesfalls aber dürfen derartige Signalmittel verwendet werden, wenn sich Flugzeuge direkt über dem Flugplatze befinden.

Abb. 3.

Wie schon eingangs erwähnt, müssen für den systemisierten Flughafen bestimmte Bedingungen für die Kenntlichmachung der Landebahn, der Platzgrenzen, etwaiger Hindernisse usw. aufgestellt werden. Zur Erfüllung dieser Bedingungen kann man zweierlei Wege gehen. Der eine ist der, das Landungsgelände von außen ausgiebig zu beleuchten, so daß der Führer sein Flugzeug wie am Tage landen kann. Dies wäre natürlich die angenehmste Lösung und ist auch mit Scheinwerfern zu erreichen. Es wurden in Amerika und auch auf dem Tempelhofer Feld in Berlin eingehende Versuche gemacht, das Landungsgelände mit Scheinwerfern zu beleuchten. Die Abb. 3 zeigt einen solchen Scheinwerfer und ein gelandetes Flugzeug. Die Beleuchtung erfolgt so, daß der Scheinwerfer möglichst nahe dem Boden am Rande des Platzes aufgestellt ist. Der Scheinwerfer, der streng fokussiert ist und vermöge der kleinen Leuchtfläche der Effektkohle auch eine sehr geringe Streuung hat, sendet einen parallelstrahligen Lichtschacht, der durch zylindrische Streulinsen in einen horizontalen Fächer auseinandergezogen ist, aus. Da die Streuung nur in der Horizontalebene erfolgt, gelangt über eine gewisse Höhe von

1 bis 1½ m über dem Boden kein direktes Licht vom Scheinwerfer, sondern nur das diffus vom Boden zurückgestrahlte Licht. Eingehende Versuche haben ergeben, daß ein auf dem Feld stehender Mensch nur etwa bis zu den Hüften oder bis zur Brusthöhe stark beleuchtet ist, während sein Kopf sich im Dunkeln befindet, so daß er, ohne geblendet zu werden, direkt gegen die Lichtquelle schauen kann, und trotzdem jeden einzelnen Teil des Bodens deutlich erkennt. Auf dem Bilde ist dies ziemlich deutlich zu sehen. Die Beleuchtung der oberen Tragfläche ist auf Reflexion des Lichtes vom Boden zurückzuführen. Sind um den Platz herum in geeigneter Anordnung etwa sechs solcher Scheinwerfer gruppiert, so ist dies für eine normale Platzgröße genügend, um so ziemlich den ganzen Platz zu beleuchten. Gleichzeitig ist damit auch die Platzgrenze selbst in einwandfreier Weise markiert. Bei normalen Sichtverhältnissen ist ein in dieser Weise beleuchteter Platz auf sehr große Entfernung gut sichtbar, und die Landung unterscheidet sich dann kaum von einer Tageslandung. Leider ändert sich die Situation, wenn der nächtlich ja so häufig auftretende Bodennebel vorhanden ist. Dann kann unter Umständen, wenn der Nebel dichter wird, diese Beleuchtung, statt zu nützen, schädlich werden, weil sehr leicht die sog. „Milchsuppe" entstehen kann, und es ist nicht jedermanns Sache, in eine solche „Milchsuppe" hineinzulanden. — Die Kennzeichnung des Platzes bleibt auch dann noch gewahrt, wenn die Nebeldecke nicht zu hoch ist. Normaler Bodennebel, der selten eine Höhe von 2 höchstens 3 m übersteigt, wird dann von dem Scheinwerferstrahl so durchleuchtet, daß er wie eine leuchtende Wolke über dem Platze liegt. Es müssen dann aber Mittel und Wege geschaffen werden, um dem Flugzeug die Landung in dieser leuchtenden Wolke zu erleichtern. Handelt es sich nur um den vorerwähnten Bodennebel von 2 bis 3 m Höhe, so kann dies auf einfache Weise durch eine Eintauchebene für das Auge des Führers bewerkstelligt werden. Man sagt sich: Wenn man eine genau definierte Ebene in z. B. 5 oder 8 m Höhe über den ganzen Flugplatz legen kann, so ist damit sehr viel gewonnen, denn der Führer weiß zunächst, daß er sich in einem bestimmten Momente mit dem Auge z. B. 6 m über dem Boden befindet. Mit dieser Kenntnis kann er dann landen. Eine solche streng definierte Ebene in beliebiger Höhe über den ganzen Flugplatz zu legen, ist mit verhältnismäßig sehr einfachen Mitteln zu erreichen.

Es geschieht mit einer Art ganz einfacher Projektionskammer, in deren Bildebene sich eine Glasscheibe befindet, die auf der unteren Hälfte grün, auf der oberen Hälfte rot gefärbt ist. Der aus der Kammer heraustretende Lichtkegel ist dann in zwei verschieden gefärbte Hälften geteilt. Die Trennungsebene zwischen grünem und rotem Licht liegt horizontal und ist sehr exakt ausgeprägt. Sie ist höchstens einige Zentimeter stark, so daß der Führer beim Eintauchen seines Auges in diese Ebene einen jähen Übergang aus grünem in rotes Licht bemerkt. Dieser Übergang ist äußerst charakteristisch und sagt ihm deutlich, daß er sich in diesem Augenblick mit seinem Auge 6 m über dem Platze befindet. Sechs solcher Lichter um den ganzen Platz herum sind mehr als ausreichend; der Führer sieht dann bei der Landung mindestens zwei solcher Lichter, und wenn er den Rand des Platzes gut überschritten hat, mindestens vier, die seitlich rechts und links von ihm auftreten. Wird der Nebel höher, so daß er auch, was allerdings selten vorkommt, diese Eintauchebene verschluckt, dann muß zu mechanischen Mitteln gegriffen werden.

Schon zu Anfang des Krieges wurden als reine Improvisation mechanische Mittel angewendet, um in dunkler Nacht mit Flugbooten auf ruhiges Wasser zu landen. Es ist bekanntlich bei Nacht sehr schwierig, eine vollkommen glatte Wasserfläche zu erkennen. Da wurde rein behelfsmäßig mit der einen Hand der Karabiner am Laufende gefaßt und nach unten aus dem Flugboot herausgehalten, bis er mit dem Kolben das Wasser berührte und so einen Anhaltspunkt für die Landung gab. Später wurde diese Methode auch noch behelfsmäßig von den Torpedoflugzeugen verwendet, bei denen es darauf ankam, daß das Flugzeug eine genaue Lancierhöhe einhielt. Die Methode bestand darin, daß ein leichter Bambusstab, der normal längs des Rumpfes lag, also den Flug weiter nicht störte, vor der Lancierung mit einer bestimmten Federspannung nach vorn geneigt wurde. Wenn er das Wasser berührte, gab er einen Riß, und die Lancierung konnte in der vorgeschriebenen Höhe vorgenommen werden. Dieses Prinzip läßt sich sehr gut für die Nachtlandung im Bodennebel ausbauen, so daß das Flugzeug auf einer ebenen Fläche, die ja ein Flugplatz darstellen soll, bei einiger Übung mit diesem neuen Behelfsmittel vollkommen gefahrlos und gerade landen kann.[1]

Die Markierung der Landungsrichtung hat sich ziemlich allgemein in der Form eingebürgert, daß der Flieger zwischen zwei weißen Lichtern auf ein rotes zu landet. Man muß dieser Art der Landung Rechnung tragen, weil sie sich, wie gesagt, eingebürgert hat, was allerdings noch immer nicht besagen will, daß sie die günstigste Form ist. Sie ist natürlich sehr bequem, wenn normale Sichtverhältnisse sind, und bei leichtem Bodennebel läßt sich Abhilfe schaffen. Versuche, die in Deutschland und in Croydon vorgenommen wurden, haben gezeigt, daß Neon- und auch Strontiumlicht geeignete Leuchtquellen darstellen, um auch in stark diesiger Luft gut sichtbar zu sein. Dieses von Natur aus rote Licht hat zwar eine geringe Flächenhelligkeit, aber eine sehr große Leuchtfläche, so daß es in leichterem Nebel im allgemeinen und auch auf Wasser sichtbar ist. Bei starkem Nebel, der z. B. 20 bis 30 m hoch ist, werden auch diese Lichtquellen, wenn sie nicht sehr stark sind, versagen, und es müssen dann wieder andere Methoden benutzt werden, um dem Flieger den Bodenwind anzuzeigen. Solcher gibt es mehrere. Man kann einen großen Windzeiger, einen Windpfeil, der an einem Mast außerhalb des Flugplatzes angebracht ist oder sich an einem Funkmast befindet, mit Neonlampen bekleiden, so daß er gut sichtbar ist. Man kann auch statt eines Windpfeiles einen Windsack verwenden, in dessen Öffnung ein Scheinwerfer, der mit dem Winde mitgedreht wird, hineinleuchtet, — und andere Hilfsmittel mehr. — Damit wären alle eingangs erwähnten Bedingungen für die Markierung und Erleuchtung des systemisierten Flughafens besprochen.

Wir kommen nun zur Notlandung.

Es muß als conditio sine qua non des Nachtflugverkehrs aufgestellt werden, daß das Flugzeug imstande ist, mit eigenen Bordmitteln des Nachts zu landen. Notlandeplätze können in ziemlicher Anzahl vorhanden sein, damit die weitestgehende Gewähr geschaffen ist, daß ein Nachtverkehrsflugzeug immer in der Lage ist, im Falle von Havarie einen Notlandeplatz zu erreichen. Schon aus diesem

---

[1] Seit der Verfassung dieses Manuskriptes sind die akustischen und elektrischen Methoden zur Erfassung der Bodennähe weiter ausgebildet worden, so daß auch auf diesem Gebiete starke Hoffnungen vorliegen.

Grunde können die Notlandeplätze nicht besonders hergerichtet und mit Nacht-landungseinrichtungen versehen sein. So ein Notlandeplatz wird lediglich eine Kennung haben, und es wird das Günstigste sein, die Streckenkennungen, die im ersten Teil besprochen wurden, gleichzeitig mit den vorgesehenen Notlandeplätzen zu verbinden, so daß der Führer eines Flugzeuges, der ein Gelände ein- oder zweimal überflogen und sich die Streckenordnung angesehen hat, genau weiß, wo sein Not-landeplatz liegt. Alles übrige, d. h. die Landung selbst, nimmt das Flugzeug dann wohl zweckmäßig mit eigenen Mitteln vor. Ein solches Mittel ist schon bei der Besprechung des systemisierten Flughafens erwähnt worden. Es ist der Landungs-fühler, der dem Flugzeuge von einer Höhe von etwa 6 m des Fahrgestells über dem Boden an gradatim seine Erhebung über dem Landungsplatz anzeigt. Ein zweites Mittel ist der Scheinwerfer, den das Flugzeug selbst an Bord führt. Dem-selben wird am besten ellipsoidische Form gegeben, denn dann kann er, ohne daß er die geringste Vergrößerung des Stirnwiderstandes hervorruft, in das Tragdeck des Flugzeuges selbst eingebaut werden. Die Lichtquelle, eine hochkerzige Halb-wattlampe, befindet sich in dem einen Brennpunkte des Spiegels, die Austritts-fläche aus dem Tragdeck im anderen Brennpunkt. Aus dieser nur wenige Zenti-meter großen Öffnung tritt dann das Licht als ein Strahlenkegel von etwa 30° Erzeugungswinkel aus. Bei Dimensionen, die noch bequeme Aufstellung gestatten, gibt ein solcher Scheinwerfer die Möglichkeit, die Landebahn und Auslaufstrecke aus 30 bis 50 m Höhe auf gröbere Hindernisse zu prüfen. Diese Höhe aber genügt noch immer, um so erkannten gröberen Hindernissen ausweichen zu können. — Man darf nicht vergessen, daß eine Notlandung immer eine N o t landung bleibt und von dem Führer des Flugzeuges gewisse Anstrengungen verlangt. Da der Luft-verkehr sich nicht rentieren kann, wenn zu seiner Aufrechterhaltung zu viele Geld- und Betriebsmittel nötig sind, so muß man sich damit zufrieden geben, daß vor allen Dingen eine genügende Anzahl von Notlandeplätzen vorhanden ist, und daß diese dem Führer des Nachtverkehrsflugzeuges, von dem man unter allen Umständen eine gute Kenntnis der Strecke überhaupt verlangen muß, genügend kenntlich gemacht werden. Alles andere ist im Grunde genommen richesse superflue und kostet nur Geld, ohne viel zu helfen.

Zusammenfassend kann gesagt werden:

Die großen Flughäfen sind mit kräftigen Scheinwerfern des Effekt-Lampentyps von ca. 500 bis 2000 Millionen Kerzen auszurüsten. Die Flugstrecken und zahl-reichen Notlandeplätze sind mit möglichst weitgehend bedienungsfreien, charak-teristischen Lichtern zu markieren. Das Flugzeug muß unbedingt Mittel besitzen, die es befähigen, auch ohne vorhandene Bodenorganisation zu landen. Für die Landungsbahnmarkierung auf den großen Flugplätzen käme in erster Linie die Beleuchtung mit Scheinwerfern in Betracht, doch können Mittel vorgesehen werden, die auch bei den Flugplatz blockierenden Nebeln eine einwandfreie Landung ge-statten.

Anhang.

Zum Schlusse soll die Kennzeichnung des Luftfahrzeuges selbst behandelt werden, d. h. die sog. Positionslichter und ev. akustische oder verwandte Signale.

Die Positionslichter eines Luftfahrzeuges müssen sich logischerweise der durch internationale Bestimmungen geregelten Handhabung der Positionsbeleuchtung bei Seeschiffen angliedern. Hierbei ist nur zu bedenken, daß das Luftfahrzeug sich räumlich bewegt, während das Seeschiff an horizontale Bewegungsebenen gebunden ist. Die Positionsbeleuchtung des Luftfahrzeuges muß daher diesen Umständen unbedingt Rechnung tragen, was bisher nicht immer geschehen ist. Die internationalen Bestimmungen für die Seeschiffahrt schreiben für die Seitenlichter Sichtbarkeitsgrenzen von vorn bis 2 Strich über dwars vor, d. i. ein Flächensektor von 10 Strich. Beim Luftfahrzeug muß dieser Sektor zu einem Keil werden, d. h. die Seitenlichter müssen von senkrecht oben bis senkrecht unten über vorn bis 2 Strich über dwars sichtbar sein. Für das weiße Licht bei Seeschiffen ist eine Sichtbarkeit rund um den Horizont vorgeschrieben. Sinngemäß würde das für Luftfahrzeuge eine allgemeine Sichtbarkeit aus allen Richtungen des Raumes bedeuten, d. i. mit einer einzigen Lichtquelle schwer zu erzielen; das weiße Positionslicht wird daher zweckmäßig zu unterteilen sein.

Das Luftfahrzeug wird fallweise auch in die Lage versetzt werden, innerhalb eines gewissen Höhenbereiches seine Höhe über dem Erdboden außerbarometrisch zu bestimmen. Für Landungszwecke in der Nacht bei verhältnismäßig hoher Nebeldecke wird es unter Umständen für ein landendes Flugzeug von Vorteil sein, trotz Benutzung eines mechanischen Landungsfühlers seine Höhe über dem Landungsgelände etwa zwischen 30 und 100 m festzustellen.

Die bereits vorhandenen akustischen Echolot-Verfahren dürften jetzt in der Lage sein, diesen Anforderungen einer Lotung zwischen 30 und 100 m Höhe einwandfrei zu genügen[1]). Zweifellos lassen sich diese Verfahren auch noch weiter dahin vervollkommnen, daß die hierzu benötigten Apparate wesentlich kompendiöser und leichter werden.

Ein weiteres Mittel der außerbarometrischen Höhenmessung besteht in der Beobachtung von Interferenzerscheinungen elektrischer Wellen in der Nähe des Erdbodens, doch fällt diese Frage außerhalb des Rahmens der vorliegenden Arbeit.

---

[1]) Die Echolot-Methode besteht im wesentlichen darin, eine bestimmte Schallwelle auszusenden und die Zeit bis zur Rückkunft des Echos zu messen. Diese Zeit, multipliziert mit der halben Schallgeschwindigkeit ergibt dann die Höhe über der den Schall reflektierenden Fläche.

Neigungsmesser und Wendezeiger für Flugzeuge.

Professor Dr. **E. Everling,** Technische Hochschule Berlin.

1. Das Fliegen ohne Sicht.

Schon in den ersten Jahren der Flugtechnik erfuhren die Flieger, wenn sie in Nebel oder Wolken hineingerieten oder durch eine Wolkendecke hindurchsteigen wollten, das eigentümliche Gefühl der Unsicherheit durch den Verlust des Urteils über die Schräglage. Man suchte sich zunächst mit Pendeln oder Flüssigkeits-libellen zu helfen, erkannte aber bald, daß diese auch in einer richtig geflogenen Kurve Wagrechtlage vortäuschen müssen. Denn in der Kurve legt sich das Flug-zeug ungefähr so weit schräg, daß die Resultierende aus Schwerkraft und Kurven-fliehkraft, das »scheinbare Lot«, in seine Symmetrieebene fällt; in das gleiche Scheinlot spielt aber auch ein Pendel, eine Flüssigkeit usw. ein (s. Abb. 1), so daß sie in bezug auf das Flugzeug die Querneigung Null anzeigen [13, 14, 15][1]).

Hinzu kommt, daß der Kom-paß[2]), vor allem in der damaligen Ausführung, in der Kurve durch Än-derung seiner Richtkraft und Rosen-verdrehung infolge seiner Schräglage sowie durch Schleppfehler, geome-trische Ablenkung und Trägheits-

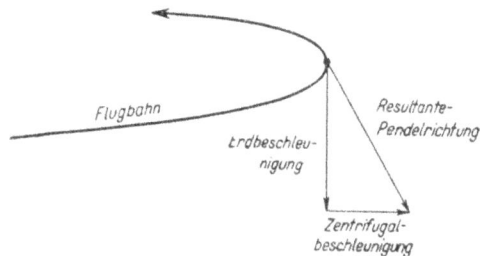

Abb. 1.
Massenkräfte und Fluglage in der Kurve.

wirkungen infolge der Flugzeugwendung aus seiner Ruhelage entfernt wird und gerade durch die hierdurch veranlaßte Seitensteuerung zum Schwingen oder Laufen gebracht, also für das Kurshalten wie für die Beurteilung der wahren Schräglage unbrauchbar wird[2]).

Zu der Aufgabe, die Längs- und Querneigung des Flugzeuges gegen das scheinbare Lot mittels des Gleichgewichtsgefühls oder der »gewöhnlichen« Nei-gungsmesser zu bestimmen, trat also die wichtigere Forderung, Beschleunigungs-fehler auszuschalten und damit die wahre Neigung, d. h. die Lage gegen die Richtung der Schwerkraft allein, anzuzeigen, und zwar die Neigung um die Quer-achse des Flugzeuges ohne Rücksicht auf Geschwindigkeitsänderungen, die um die Längsachse ohne Störung, vor allem durch Fliehkräfte infolge des Kurvenfluges.

---

[1]) Die Zahlen in eckigen Klammern beziehen sich auf das Literaturverzeichnis am Schluß.

[2]) Vgl. hierzu den Abschnitt ,,Kompasse'' dieses Buches.

Obwohl dies grundsätzlich unmöglich ist, gelingt es doch mit genügender Annäherung mit Hilfe pendelnd aufgehängter Kreisel, die auf solche Beschleunigungsfehler mit großer Trägheit antworten [13, 14, 15].

Anderseits läßt sich das wahre Lot, oder vielmehr der Umstand einer Abweichung des Scheinlots vom wahren Lot, anzeigen durch Kreiselgeräte anderer Art oder auch durch Geschwindigkeitsmesser in zweckmäßiger Vereinigung, die statt der Neigung die Winkelgeschwindigkeit einer Wendung um die Hochachse des Flugzeugs oder um das scheinbare Lot angeben. Derartige Wendezeiger liefern, wie im letzten Abschnitt gezeigt werden soll, mittelbar auch das wahre Lot oder vielmehr ein Maß für dessen Abweichung vom Scheinlot. Verwendet man sie als Nullgeräte, so kann man mit ihrer Hilfe gerade Kurs steuern, so daß der Kompaß ungestört ruhig steht und ein »gewöhnlicher« Neigungsmesser die Schräglage, das seitliche »Hängen« im Geradausflug, richtig anzeigt.

Diese Zusammenhänge werden im folgenden ausführlich erläutert; dabei muß die grundsätzliche Unmöglichkeit der wahren Neigungsmessung deshalb besonders hervorgehoben werden, weil immer noch versucht wird, durch mechanische Getriebe verschiedener Art oder durch Vereinigen mehrerer Meßgeräte mit unterschiedlicher Wirkungsweise einen wahren Neigungsmesser zu bauen; die besseren dieser Geräte zeigen in der Tat bei »richtig« geflogenen Kurven das wahre Lot mit einiger Genauigkeit an; die übrigen beruhen auf irgendeinem Trugschluß, der um so bedenklicher ist, als er gegen den allgemeinen Naturgrundsatz verstößt, daß sich die Schwererichtung aus der Gesamtheit der Massenkräfte nicht herausschälen läßt [16, 17].

2. Wahres Lot und Scheinlot.

Die Längsachse eines Pendels oder das Lot eines Flüssigkeitsspiegels stellt sich nämlich stets in die Richtung der Gesamtkraft aller Massenkräfte, d. h. der Schwerkraft und der Trägheitskräfte. Einsteins allgemeine Relativitätstheorie lehrt nun, daß die Schwere mit der Beschleunigung wesensgleich sei; man könnte also durch beständige Geschwindigkeitsänderung (beschleunigte Bewegung nach oben) die gleiche Wirkung auf die Körper unserer Umgebung hervorrufen, wie sie durch das natürliche Schwerefeld ausgeübt wird. Aus diesem Grunde ist es unmöglich, aus einer gegebenen Massenkraft den auf die Schwere entfallenden Anteil herauszulösen. Zwar kann man, wenn man die Größe der Gesamtkraft im Verhältnis zur Schwere mißt, den Winkel zwischen beiden errechnen; man weiß aber dann nur in ganz bestimmten Fällen, wenn nämlich eine weitere Angabe vorliegt, etwa die Bedingung »richtigen« Kurvenfluges mit rein seitlich wirkender Beschleunigung, oder auf Grund einer gleichzeitigen magnetischen oder astronomischen Beobachtung (Stellung der Inklinationsnadel bzw. Stand der Sonne usw.), in welcher Ebene durch das Scheinlot das wahre Lot zu suchen ist.

Man vermag das noch auf andere Weise einzusehen: die Lage der Flugzeughochachse im Raum ist durch zwei Bestimmungsstücke gegeben, nämlich durch Längs- und Querneigung oder durch die beiden Winkel, die Längs- und Querachse mit dem wahren Lot bilden. Ein wirklich senkrechter Stift, der in einer Glaskugel spielt, ergibt die Neigung aus zwei Ablesungen im doppelten Teilungsnetz auf der

Kugel. Mißt man dagegen etwa die Größe der Gesamtkraft, so hat man erst einen einzigen Wert, aus dem sich die wahre Neigung nur auf Grund einer weiteren Angabe ermitteln läßt.

3. Natürliche Neigungsmesser.

Daß auch Menschen, deren Gleichgewichtsorgan durch nervöse oder organische Leiden gestört ist, gerade sitzen, gehen und stehen können, ist bekannt: Der wesentlichste »Neigungsmesser« und Anzeiger der senkrechten Lage ist das Auge, und bei einer Drehung des umgebenden Zimmers gegenüber den ruhig dasitzenden Menschen, wie sie vor Jahren auf einem Vergnügungspark vorgeführt wurde, ist die Illusion des Gekipptwerdens unwiderstehlich.

Falls durch Schließen der Augen, durch Dunkelheit oder Vernebelung der Sicht die Anhaltspunkte entzogen werden, tritt der Gefühlssinn an ihre Stelle, und zwar zunächst das Hautgefühl an Fußsohlen oder Gesäß, vorwiegend aber der Muskelsinn [42], der durch einseitige Belastung Abweichungen aus der Lotlinie beim Stehen bzw. Sitzen anzeigt, aber natürlich, gerade wie ein Pendel, nur auf die Resultierende aller Massenkräfte, auf das Scheinlot, anspricht.

Schaltet man, wie bei der ärztlichen Untersuchung durch Schließen der Augen und Voreinanderstellen der Füße oder wie beim Untertauchen im Wasser durch Verteilung des Körpergewichtes auf eine möglichst große Fläche, auch Hautgefühl und Muskelsinn aus, so bleibt allein der eigentliche Gleichgewichtssinn, der bei Mensch und Tier in Nebenorganen des inneren Ohres, den Bogengängen des Labyrinths, liegt und auf der Verlagerung einer Flüssigkeit oder fester Körper (Statolithen, Otolithen der Fische, Krebse usw.) oder auch der Richtung ihrer Auflagerkraft beruht, also eine Sonderform des Gefühlssinnes bedeutet. Die Labyrinthflüssigkeit ist mechanisch nichts anders als eine Wasserwage, der Ohrstein entspricht einem Pendel; auch dieser Gleichgewichtssinn zeigt also ebenso wie jene Geräte nicht das wahre, sondern stets nur das scheinbare Lot an, also die Gesamtkraft von Schwere und Flieh- oder anderen Beschleunigungen. In ärztlichen Erörterungen der Vorgänge liest man gelegentlich, daß sich »die Erdanziehung mit der Geschwindigkeit zusammensetze« und dadurch den Gleichgewichtssinn beeinflusse; das ist schon deshalb unrichtig, weil eine gleichförmige Bewegung das Kräftegleichgewicht überhaupt nicht beeinflußt, sondern lediglich die Änderungen einer Geschwindigkeit nach Größe und Richtung.

Danach entspricht sowohl das Hautgefühl wie die Anzeige des Gleichgewichtsorganes der Messung mit einem gewöhnlichen Neigungsmesser, wie wir sie im nächsten Abschnitt betrachten werden. Trotzdem sind solche Geräte da, wo die Anzeige des Scheinlots überhaupt erwünscht ist, nicht überflüssig, weil wir uns so an die Gleichgewichtsregelung mit Hilfe des Auges gewöhnt haben, daß die beiden anderen natürlichen Hilfsmittel beim Entfallen des Gesichtssinnes nicht immer genau genug wirken.

4. Künstliche Schein-Neigungsmesser.

Der einfachste künstliche Neigungsmesser ist ein Pendel, das jedoch einer hinreichenden Dämpfung bedarf, damit es bei Schräglage des Flugzeugs um die anzuzeigende Richtung herumschwingt und sie nach Möglichkeit überhaupt nicht überschreitet (aperiodisches Einschwingen). Als Beispiel sei das Pendel bei der älteren Ausführung des Drexler-Steuerzeigers [29, 30, 38] erwähnt, das aus einem rechteckigen Flügel in einem sektorförmigen, mit einer zähen Flüssigkeit gefüllten Gehäuse bestand. Eine besonders zweckmäßige Anordnung, die meines Wissens zuerst von der Firma Fueß, Steglitz (s. Abb. 2), herausgebracht wurde, sich aber auch in der späteren Bauart des Drexler-Steuerzeigers [39] findet, ist ein »stangenloses Pendel«, nämlich eine Stahlkugel in einem gekrümmten Rohr, das mit einer dämpfenden Flüssigkeit gefüllt ist. Wird deren Zähigkeit richtig gewählt, so stellt sich die Kugel in die tiefste Lage ein, ohne zu schwingen, aber auch ohne zu kriechen.

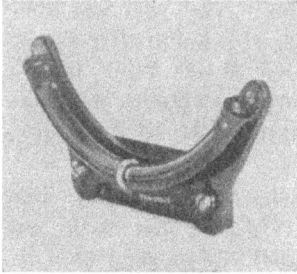

Abb. 2.
Neigungsmesser von Fueß-Steglitz:
Stahlkugel in Glasrohr.

Diese Kugel in einem gekrümmten mit Flüssigkeit gefüllten Rohr kann auch aufgefaßt werden als mechanische Umkehrung der bekannten Libelle oder Wasserwage, bei der eine Luftblase über der Flüssigkeitsfüllung in einem oben gewölbten oder gekrümmten Rohr den höchsten Punkt anzeigt. Es ist klar, daß ein solches Gerät weniger stark gedämpft ist und daß die Luftblase bei Erschütterungen ihre Form ändert und damit die Anzeige weniger genau macht, vor allem, wenn man sich der Form der Dosenlibelle bedient. Bei dieser kann die Blase nach allen Seiten weglaufen, sie bietet damit anderseits den Vorteil, daß man die Gesamtneigung mit einem Blick ablesen kann, während man sie sonst, in Längs- und Querneigung zerlegt, mit zwei Geräten ermitteln muß; welche Art der Messung sinnfälliger ist, darüber sind freilich die Meinungen geteilt. Vergrößert man bei einem solchen Gerät die Luftblase, so erhält man einen Flüssigkeitsspiegel in einer Glaskugel, auf der ein Breitenkreis die wagrechte Fluglage anzeigt.

Auf die gewöhnliche Libelle übertragen, führt dieser Gedanke wieder auf den während des Krieges gebräuchlichsten Neigungsmesser aus einem rechteckigen, in sich zurücklaufenden Glasrohr, das etwa zur Hälfte mit gefärbter Flüssigkeit gefüllt ist. Durch übergreifendes Nebeneinanderstellen zweier solcher Geräte wird der Spiegelunterschied bei Neigungen auffälliger gemacht. Noch stärker vergrößerte Anzeigen kann man erhalten, wenn man den einen, nicht zur Ablesung bestimmten Schenkel des Geräts weiter bemißt. Dadurch verlegt man den Schwerpunkt der Anzeigeflüssigkeit zu diesem Schenkel hin und kann so die Genauigkeit der Anzeige bei gleicher Rechteckbreite nahezu verdoppeln. Noch günstigere Genauigkeit erzielt man, wenn man in den engen Schenkel eine leichtere Flüssigkeit füllt als in den weiten: damit wird gewissermaßen das Querschnittsverhältnis der beiden Schenkel im Verhältnis der beiden Dichten vergrößert, ohne daß der weitere Schenkel zu groß und zu schwer wird oder in dem engeren unzulässige Kapillarwirkungen auftreten. Doch stellt die Verwendung zweier Flüssigkeiten eine unerwünschte Komplikation dar.

Ein Gerät, das sich durch Einfachheit und gute Dämpfung auszeichnet, ist ein Flüssigkeitsspiegel sehr geringer Dicke der Firma Optische Anstalt C. P. Goerz in Berlin-Lichterfelde [18]: zwischen einer Glasplatte und einer Scheibe, die auf der oberen Hälfte dunkel, auf der unteren hell, nahe der Grenze mit einer Winkelteilung versehen ist (s. Abb. 3 und 4), befindet sich eine dünne Schicht dunkler Flüssigkeit. Nur bei (Längs- oder Quer-) Neigung des (entsprechend eingebauten) Geräts gibt die Flüssigkeit einen auffallenden weißen Sektor frei, dessen Größe an der Winkelteilung abzulesen ist (s. Abbildung 5 und 6).

Einen brauchbaren Weg, ein gewöhnliches Pendel gut zu dämpfen, weist der Askania-Wendezeiger auf, den wir im letzten Abschnitt besprechen werden: er enthält ein Pendel, dessen träge Masse zum Teil aus einem mit Quecksilber gefüllten Ring besteht. Das Quecksilber macht die Schwingungen nur teilweise mit und bremst sie durch seine Reibung an den Innenwänden des Kreisrohrs (s. Abb. 37 im Abschnitt IX).

Abb. 3.
Längsneigungsmesser von
Goerz

Abb. 4.
Querneigungsmesser von
Goerz

Bei einem Neigungsmesser ist neben der guten Dämpfung rasches Einspielen und Unempfindlichkeit gegen Schwankungen erwünscht. Beides wird dadurch erreicht, daß man die Schwingungszahl eines Pendels erhöht, so daß Resonanz mit den Flugzeugschwingungen um dessen Längsachse im allgemeinen

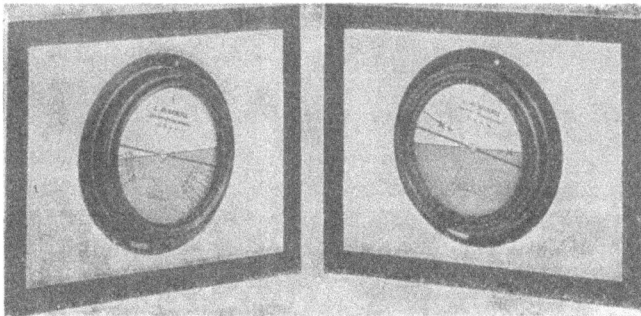

Abb. 5 und 6.
Längs- und Querneigungsmesser von Goerz.

unmöglich ist. Diese Aufgabe ist gelöst beim »Gyrorector«, dessen Pendel (s. Abbildung 7 S. 14) durch zwei gegeneinander wirkende Spiralfedern eine verstärkte Rückstellkraft erhält. Der über der Hauptmasse sichtbare hakenförmige Zeiger spielt über einer gehäusefesten Teilung. Bei der Vermeidung von Resonanz genügt die zusätzliche Reibung der Federn und ihrer Anlenkung, die Schwingungen rasch zu dämpfen.

Alle diese Geräte zeigen lediglich dasselbe an, was dem Flieger beim Ausschalten der Augen sein Haut-, Muskel- oder Gleichgewichtsgefühl sagt: das Scheinlot in Richtung der Resultierenden von Schwere und Trägheitskräften, insbesondere der

Fliehkraft. Wir konnten uns daher mit der Erläuterung der typischen Meßgeräte dieser Art begnügen und brauchen nicht alle die mannigfachen Gestalten, die im Laufe der Entwicklung aufgetreten sind, hier aufzuzählen. Wenn diese Geräte nun auch nicht das wahre Lot anzeigen, so entsprechen sie doch, so lange sie den Wert Null anzeigen, einem wichtigen Flugzustand, nämlich der Schräglage in der Kurve, bei der etwa der Insasse eines Verkehrsflugzeuges oder auch die neigungsempfindliche Fracht (Tiere) gerade nicht merkt, daß ihre Richtung zur Schwere sich geändert hat. Diese Fluglage ist aber anzustreben!

Abb. 7.
Pendel (Scheinlotmesser) des Gyrorector.

5. Wahre Neigungsmessung in einfachen Fällen.

Wünscht man dagegen die wahre Neigung des Flugzeuges im Raum zu kennen, so genügt in vielen Fällen die Annahme, daß die Abweichung des Scheinlots vom wahren Lot ganz bestimmte Ursachen habe. Man hat alsdann die Möglichkeit, durch einfache mechanische Vorrichtungen, vor allem mit Hilfe einer anderweitigen Messung, das wahre Lot zu ermitteln. Doch darf man sich auf derartige Geräte niemals verlassen, weil die vereinfachenden Annahmen gerade in kritischen Fällen nicht stimmen, vor allem dann, wenn Fallböen zu großen Störbeschleunigungen in nahezu senkrechter Richtung führen.

Die Annahme, die man zum Berichtigen des Scheinlots in den (weniger wichtigen, weil weniger gefährlichen) normalen Fällen machen kann, und die darauf beruhenden Lösungen sollen aber trotzdem an einigen Beispielen kurz besprochen werden, weil sie in der Patentliteratur gelegentlich wieder auftauchen.

Für die Längsneigung darf man mit einer gewissen Berechtigung sagen, daß die Abweichungen vom wahren Lot im wesentlichen von Geschwindigkeitsänderungen herrühren. Vereinigt man einen geeigneten Scheinlotanzeiger, etwa ein stark gedämpftes Pendel, eine Kugel im Rohr oder eine Flüssigkeitsschicht zwischen Scheiben, mit einem Geschwindigkeitsänderungsmesser, insbesondere derart, daß dieser die Nullmarke und die gesamte Teilung des Neigungsmessers entsprechend dem Verhältnis der Beschleunigung zur Schwere verschiebt, so gestattet das Gerät, bei Abwesenheit anderweiter Massenkräfte, vor allem infolge von Windunruhe, die wahre Längsneigung abzulesen. Ein solcher Geschwindigkeitsänderungsmesser besteht etwa aus einem Staurohr, dessen Druckmeßkapsel nicht wie üblich abgedichtet, sondern durch eine feine Öffnung oder eine Kapillare mit der Außenluft verbunden ist. Im Innern der Kapsel herrscht also nur dann ein Über- oder Unterdruck, wenn die Fluggeschwindigkeit und damit der Staudruck steigt bzw. fällt. Die Formänderungen der Kapsel werden auf die Teilung des Neigungsmessers übertragen.

Bei Querneigungsmessern ist ebenso naheliegend, aber nicht ganz so berechtigt die Annahme, daß die (hier meist sehr viel stärkere) Abweichung des Scheinlots vom wahren Lot ihren Grund allein in der wagrechten Fliehbeschleunigung hat. Darauf beruhen verschiedene Ausführungen eines Geräts, das am einfachsten wie folgt beschrieben werden kann: ein Pendel zum Anzeigen des Scheinlots wird mit elastisch dehnbarem Schaft, also gleichzeitig als Federwage ausgebildet (oder eine Wasserwage mit elastischem Boden zur Messung des Bodendrucks), so daß außer der Richtung der scheinbaren Schwere auch die Größe der Gesamtkraft bestimmt werden kann. Beide zusammen ergeben unter der Annahme, daß die Störbeschleunigung wagrecht gerichtet ist (Fliehkraft!), das wahre Lot durch ein einfaches Getriebe; denn die Tangente, die von der Masse eines solchen elastischen Pendels an den Kreis gelegt wird, auf dem ein solches Pendel sich im ungestörten, also ungedehnten Zustande bewegen würde, läuft stets wagrecht (in der Richtung der als wagrecht vorausgesetzten Zusatzbeschleunigung).

Weitere ähnliche Meßverfahren werden wir später bei den Wendezeigern kennen lernen.

Es wurde bereits oben betont, daß der praktische Wert derartiger Geräte, voraussichtlich auch für Stabilisatoren, gering ist.

6. Anzeige des wahren Lots.

Da sich aus den Massenkräften in ihrem Zusammenwirken die Schwerkraft nicht herauslösen läßt, muß man zum Anzeigen des wahren Lots einen »Betrug der Natur« zu Hilfe rufen: man darf annehmen, daß die mittlere Lage des Scheinlots dem wahren Lot um so genauer entspricht, je weniger das Scheinlot von ihm abweicht; verfügt man also über ein Gerät mit »Erinnerungsvermögen«, so zeigt dies für hinreichend lange Zeit das wahre Lot an [43].

Diese Bedingung wird erfüllt von einem Pendel mit sehr großer Schwingungsdauer, und das ist mit kleinem Gewicht und Raumbedarf natürlich nicht durch entsprechend lange Aufhängung eines einfachen Körpers zu verwirklichen, sondern lediglich durch künstliches Beeinflussen der Pendelwirkung: die Schwingungsdauer eines mechanisch schwingenden Systems ist verhältig der Wurzel aus dem Trägheitsmoment, geteilt durch die Wurzel aus dem Rückführmoment, das im allgemeinen von der Schwerkraft herrührt. Will man also die Schwingungsdauer erhöhen, so muß man die Trägheit künstlich vergrößern oder die Rückführkraft künstlich verkleinern. Es gibt also für die praktische Ausführung zwei Wege: die Ausbildung der Pendelmasse als Kreisel, bei gleichzeitigem Übergang zur Raumpendelaufhängung, und die Ausrüstung eines ebenen Pendels mit einer Kraftschaltung, die das Rückführmoment des Pendels um so stärker vermindert, je größer es von Natur ist, und damit die Schwingungszahl herabsetzt, z. B. auf $1/3$, wenn vom Rückführmoment 8/9 ausgeglichen werden.

Auch bei der zweiten Lösung der Aufgabe hat man bisher einen Kreisel verwendet, um das rückführende Drehmoment möglichst empfindlich zu messen und ein Gegendrehmoment einzuschalten: im »Gyrorector« [34] der Gyrorector

H. m. b. H. in Berlin SW 68, bei dem der Pendelkörper als Rahmen ausgebildet ist, in dem ein zweiter, um die (gewöhnlich senkrecht hängende) Pendellängsachse drehbarer Innenrahmen einen Kreisel mit wagrechter, zur Pendeldrehachse querstehender Drehachse trägt. Dieser Kreisel ist als Elektromotor mit Außenanker ausgebildet

Abb. 8.
Gyrorector mit Generator, Leitungen, Steckerverbindung und Ausschaltknopf.

und wird von einem Drehstromerzeuger (Abb. 8) mit Windschraubenantrieb gespeist; er präzessiert umso rascher, je größer das Drehmoment um die Pendelachse ist, das das Pendel in eine neue Lage zu ziehen bestrebt ist, d. h. je größer die Stör-

Abb. 9.
Der Gyrorector über dem Instrumentenbrett eines Zweimotorenflugzeuges mit zwei Führersitzen nebeneinander.

beschleunigungen sind; er schließt dabei nach einem ganz kleinen Winkelweg Kontakte, die einen Stützmotor rechts oder links herum in Gang setzen und so das jeweilige Gegendrehmoment erzeugen. Das Pendel schwingt infolgedessen nur sehr langsam in seine geänderte Ruhelage, also in die Richtung des Scheinlots ein; es zeigt daher längere Zeit hindurch genau genug das wahre Lot an. Die Störungstheorie des Geräts will Verfasser an anderer Stelle mitteilen.

Etwaige Abweichungen lassen sich beim Wiedergeradeausfliegen durch Druck auf einen Knopf, der in der Zusammenstellung Abb. 8 in der Mitte zu sehen ist und der den Stützmotor kurzschließt, also unwirksam macht, ausgleichen; das Pendel schwingt dann rasch in seine Ruhelage ein. Gleichzeitig mit der Anzeige des gestützten Pendels läßt sich an einem gewöhnlichen Pendel, wie es am Ende des 4. Abschnittes beschrieben wurde (s. Abb. 7), das Scheinlot ablesen, s. in Abb. 8 oder 9 den wagrechten weißen Doppelstrich, der die Fluglage gegen das Scheinlot gibt. Bemerkenswert ist, daß die Schwingungsdauer dieses Pendels künstlich

Abb. 10.
Einbau des Stromerzeugers und des Gyrorector in einem Flugzeug
Dietrich DP IV.

verkleinert wurde, und zwar ebenso durch künstliches Erhöhen der Rückstellkraft, wie die Schwingungsdauer des Hauptpendels durch künstliches Vermindern der Rückführkraft (freilich mit anderen Mitteln) vermehrt wurde. Abb. 9 zeigt den Einbau des Geräts in einem Instrumentenbrett zwischen den Führersitzen eines zweimotorigen Flugzeugs, Abb. 10 außerdem den Einbau des Stromerzeugers. Abb. 11 bis 19 geben die verschiedenen Anzeigekombinationen der beiden Pendel, wie sie dem ruhenden Beobachter, und in den seitlichen Bildern, wie sie dem Flieger erscheinen. Aus der Stellung beider Pendel zueinander lassen sich auch Rückschlüsse auf den Kurvenflug ziehen.

Während sich zur Lösung der Aufgabe, Gegendrehmomente zu wecken, andere Wege denken ließen, muß im zweiten, oben zuerst genannten Fall das Pendel selbst als Kreisel ausgebildet sein, und zwar mit senkrechter Drehachse. Weicht dann die augenblickliche Richtung des Kreiselpendels, die im allgemeinen dem wahren Lot entspricht, vom Scheinlot, also von der Gesamtrichtung der Massenkräfte ab, so schwingt das Pendel nicht einfach in die neue Richtung ein, sondern beschreibt um sie herum einen Präzessionskegel [23], da ja ein Kreisel auf Drehmomente um eine Achse quer zu seiner Drehachse durch eine Drehung um eine dritte Achse, die auf jenen beiden senkrecht steht, antwortet. Die Winkelgeschwindigkeit dieser Präzessionsdrehung ist umso größer, je stärker das störende Drehmoment und je kleiner der Kreiselschwung, das ist das Produkt aus Trägheitsmoment und Eigenwinkelgeschwindigkeit des Kreiselkörpers. Macht man den Kreisel also möglichst

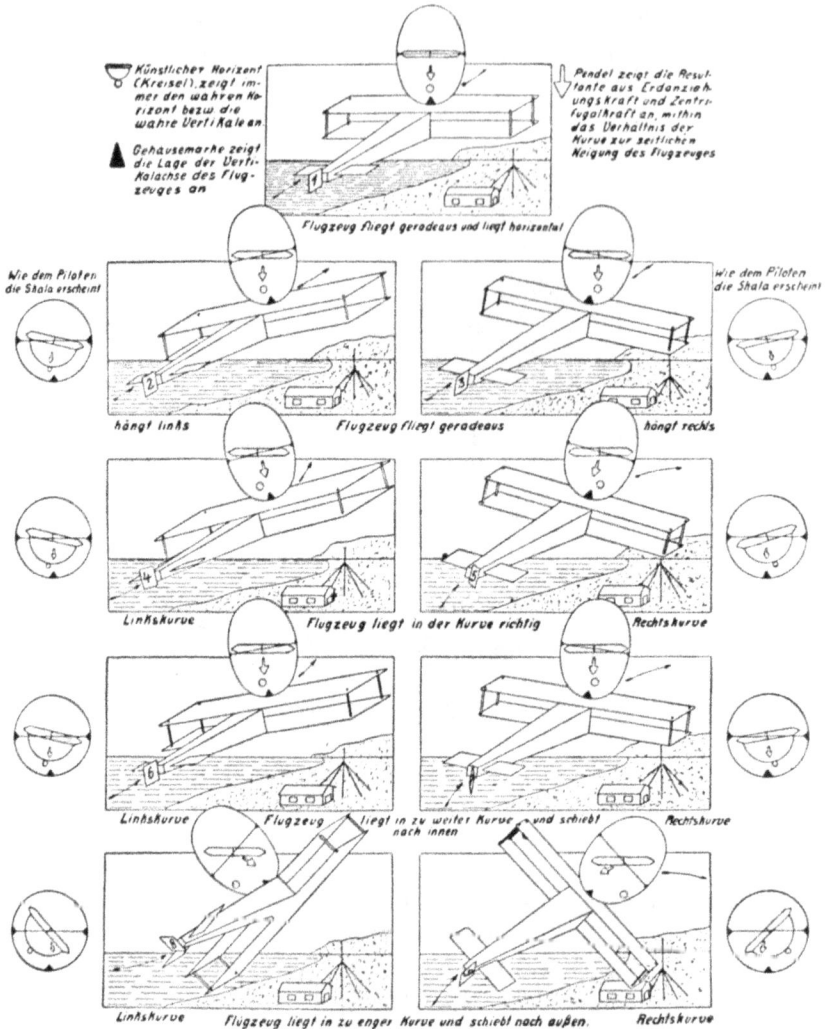

Abb. 11—19.
Anzeige des Gyrorector in 9 verschiedenen Fluglagen.

leicht trotz hohen Trägheitsmomentes, indem man den Kreiselwulst, wie es auch bei vielen anderen Kreiselgeräten üblich ist, als Anker für ein innenliegendes Drehstromfeld benutzt, läßt man ihn mit Hilfe eines Drehstromerzeugers, bei Flugzeugen am einfachsten mit Windschraubenantrieb, bei möglichst hohen Drehzahlen laufen, etwa 20000 U/min oder 330 U/s, und hängt man ihn als Pendel so kurz auf, wie es die Rücksicht auf die zu überwindende Reibung und feinmechanische

Ungenauigkeiten zuläßt, so wird der Einfluß des Störmomentes gering und man erhält eine Präzessionsdauer von mehreren Minuten. Bei kürzeren Kurven oder anderen Querbeschleunigungen macht sich die Querausweichung aus dem wahren Lot schon deshalb wenig bemerkbar, weil das Kreiselpendel in seinem Präzessions-kegel sich zunächst in der Richtung einer falschen Längs-neigungsanzeige, nämlich vom Beobachter fort oder auf ihn

Abb. 20.
Anschütz-Kreiselhorizont.

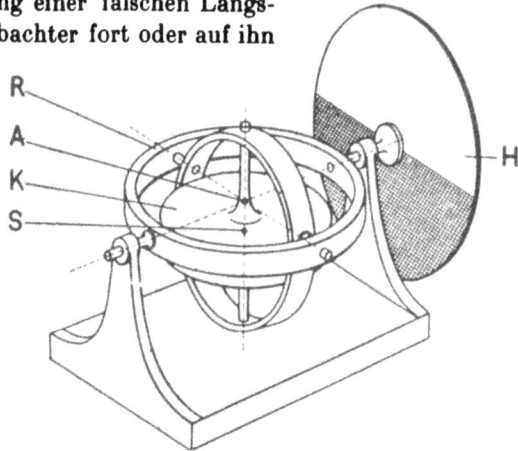

Abb. 21.
Anordnung u. Wirkungsweise des Anschütz-Kreiselhorizontes.
K = Kreisel, A = ideeller Aufhängepunkt, S = Schwerpunkt,
R = äußerer Ring, H = Horizontscheibe.

zu bewegt; bei der Verwertung des Geräts als Querneigungsmesser bleibt daher der Ablesefehler (quadratisch) umso geringer, je kürzer die Störung dauert [22, 23].

Durch eine geeignete Dämpfung ist dafür zu sorgen, daß das Kreiselpendel eine zufällige Abweichung von der wahren Anzeige nicht dauernd beibehält, also

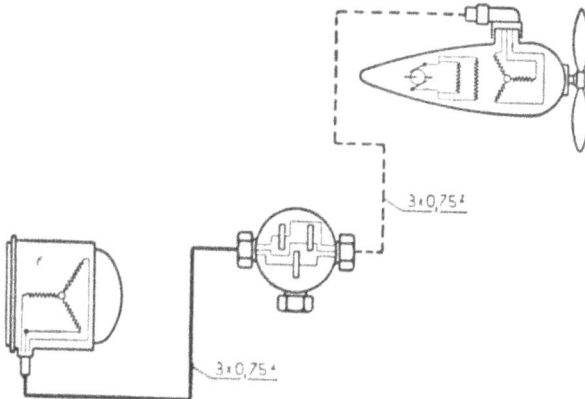

Abb. 22.
Stromschaltung des Anschütz-Kreiselhorizontes.

nicht ständig einen Kegel um die (wahre bzw. scheinbare) Lotrichtung beschreibt, sondern auf spiraliger Bahn in diese wieder einschwingt.

Dreht sich der Kreisel im Pendel links herum, so wird der Präzessionskegel rechts herum beschrieben: bei einer ganz langsamen Rechtskurve kann es

2*

Abb. 24—28.
Anzeige des Anschütz-Kreiselhorizontes in verschiedenen Fluglagen, die denen von Abb. 11—15 entsprechen.

Abb. 29—32.
Anzeige des Anschütz-Kreiselhorizontes in verschiedenen Fluglagen, die denen von
Abb. 16—19 entsprechen.

daher vorkommen, daß das Scheinlot nicht nur im gleichen Sinn, sondern auch im
selben Zeitmaß um das wahre Lot herum wandert, wie das Kreiselpendel aus dem
wahren Lot heraus um das Scheinlot herum. In diesem Fall der Resonanz muß
das Gerät also, je nach der Dämpfung mehr oder weniger rasch, aus der wahren
Lotrichtung herausgezogen werden und mehr und mehr falsch zeigen [22, 23].
Ähnliches gilt beim Fliegen nach Art der Flußwindungen, wie es für Minensuchen,
Luftaufnahmen u. dgl. notwendig ist [22 Zusatz]. Dieses Verhalten ist besonders
unangenehm, wenn man etwa daran denkt, das Kreiselpendel zum Stabilisieren
von Flugzeugen zur Entlastung bzw. zum Ersatz des Flugführers zu verwenden.
Doch dauert es sehr lange, bis der Fehler sich zu merklichen Beträgen gesteigert
hat, und die Wirkung läßt sich durch gleichzeitiges Ablesen eines Kompasses, der
bei guter Ausführung gegen so langsame Drehungen unempfindlich ist, wieder ausgleichen; der Kompaß könnte dabei auch in die Wirkung des Kreiselstabilisators
berichtigend eingreifen.

Die technische Verwirklichung des Kreisellots in dieser Form liegt in Deutschland im Anschütz-Fliegerhorizont der Firma Anschütz & Cie. in Neumühlen

bei Kiel vor [1] (s. Abb. 20 u. 21 S. 19). In zwei Kardanringen, von denen der äußere eine Scheibe zum Anzeigen trägt, ist ein Kreisel aufgehängt, dessen Schwerpunkt wenige Millimeter unter dem Kreuz der Ringzapfenachsen liegt. Die Dauer eines Präzessionsumlaufs beträgt 14 min. Gedämpft ist das Gerät in einer Ebene durch eine Art Schlingertank, zwei Flüssigkeitsbehälter, die durch eine drosselnde Rohrleitung verbunden sind, in der andern Ebene durch ein Hilfspendel, das je nach seinem Ausschlag gegenüber dem Kreiselpendel, an dem es befestigt ist, auf diesem rechts oder links eine Luftdüse öffnet. Die durch Umdrehung des Kreisels mitgerissene Luft strömt aus der freigegebenen Düse stärker aus als aus der anderen und bewirkt so ein Drehmoment, aber nicht um die Hilfspendelachse, sondern um die zu ihr querliegende. Der Kreisel setzt dieses Moment in eine (dämpfende) Präzessionsdrehung um die Hilfspendelachse um.

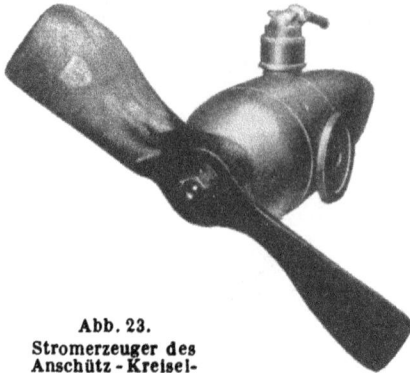

Abb. 23.
Stromerzeuger des Anschütz - Kreiselhorizontes.

Die Stromzuführung zeigt Abb. 22 (Seite 19), den Stromerzeuger mit Windschraubenantrieb Abb. 23. Die analogen Bilder zu Abb. 11 bis 19 geben Abbildung 24 bis 32.

7. Trugschlüsse bei Neigungsmessern.

Wir haben in den vorhergehenden Abschnitten immer wieder darauf hingewiesen, daß die Schwerkraft eine Massenkraft ist wie die Fliehkraft und andere Trägheitskräfte, daß es daher auf keine Weise möglich ist, sie aus einer gegebenen Gesamtkraft herauszulösen. Ein Gerät dieser Art wäre ebensowenig zu verwirklichen wie ein perpetuum mobile. Ist dies einmal allgemein erkannt, so gelingt auch selbst gegenüber bestechenden Einzellösungen angeblicher Anzeiger der wahren Neigung stets, die Richtigkeit des Gedankenganges zu erweisen.

Ein Deutsches Reichspatent will ein Pendel dadurch im wahren Lot halten, daß bei etwaigen seitlichen Störbeschleunigungen zunächst ein zweites, um die gleiche Achse drehbares Pendel ausschlägt und dabei das erste durch Rasten sperrt: der Erfinder hat mir später selbst zugegeben, daß dies Pendel nicht in Bezug auf den Raum, sondern in bezug auf sein Gehäuse bzw. die Sperrzähne stabilisiert wird. Wird beispielsweise das ganze Gerät gekippt, so muß das Hilfspendel durch seinen Ausschlag das Hauptpendel gerade so gut an der Bewegung hemmen, wie beim Auftreten einer wagrechten Trägheitskraft.

Ebensowenig sind hydrostatische Mittel geeignet, die Schwerkraft zu isolieren: Messung des Bodendrucks einer Flüssigkeit liefert stets eine Komponente der Gesamtkraft, keineswegs die Schwere. Und ein Gerät, das in der Auftriebsrichtung eines Schwimmers das wahre Lot anzeigen will, wurde zwar vor Jahren von einer Prüfstelle allen Ernstes begutachtet, liefert aber natürlich ebenso wie ein Pendel stets nur das Scheinlot.

Auf einem rein mechanischen Trugschluß beruht eine in Deutschland patentierte Erfindung, bei der ein Schwimmer und ein Pendel so gegeneinander geschaltet sein sollen, daß die Wirkungen der Schwerkräfte auf beide sich verstärken, die Störbeschleunigungen auf beide sich jedoch aufheben; es ist klar, daß sich in Wahrheit alle Beschleunigungen entweder verstärken oder einander entgegenwirken; eine nähere Betrachtung des Getriebes bestätigt das.

Eine andere Art angeblicher wahrer Neigungsmesser, mit der sich sogar Fachingenieure befaßt haben, sind Wasserstrahlen, die unter Schutz vor Luftströmungen aus einer Öffnung senkrecht oder wagrecht austreten und auf eine nach allen Richtungen geteilte Scheibe treffen, wo sie dann das wahre Lot angeben sollen. Es ist richtig, daß ein Wassertropfen, ein Sandkorn o. dgl., wenn sie aus einer Öffnug frei abfallen, lediglich der augenblicklichen Geschwindigkeit im Zeitpunkt des Abfallens und der Schwere unterliegen: sie beschreiben also im Raum eine Wurfparabel; bezogen auf das gleichförmig bewegte Flugzeug, bei dem wahres Lot und Scheinlot gleich sind, fallen sie wie in einem ruhenden Raum, also bei senkrechtem Abwurf senkrecht nach unten; in einem ungleichförmig bewegten, etwa verzögerten oder kurvenden Flugzeug schiebt oder dreht sich während des Fallens die Auffangfläche unter den Fallkörperchen fort, und man kann durch eine Rechnung [16] nachweisen, was nach unserer Überlegung ohne weiteres klar ist, daß die Verschiebung gerade dem Betrage und der Richtung des Unterschiedes entspricht, sodaß statt des wahren Lots das Scheinlot abgelesen wird.

Auch für andere Vorschläge, soweit sie nicht im 5. Abschnitt als Sonderlösungen besprochen sind, läßt sich der gleiche Nachweis der Unmöglichkeit führen.

8. Kurvenmessung statt Neigungsmessung.

Da im Grunde alle Neigungsmesser das Scheinlot liefern oder wenigstens — nämlich die Weiser der wahren Neigung, das sind Kreiselgeräte mit künstlich gesteigerter Schwingungsdauer — zu ihm hinstreben, ist die Frage gerechtfertigt, ob es nicht angängig oder gar zweckmäßig sei, auf die Anzeige der wahren Neigung ganz zu verzichten, falls man einen ausreichenden Ersatz für sie hat: tatsächlich interessiert ja im Fluge neben dem Scheinlot, das der richtigen Kurvenschräglage entspricht, das wahre Lot nur deswegen, weil es bei fehlender Sicht des Erdhorizontes durch seine Abweichung vom Scheinlot zeigt, ob man sich im Geradeausflug in ungestörter Lage oder im richtigen Kurvenflug befindet. Stellt man dies als Hauptzweck des Neigungsmessers hin, so ergibt sich ohne weiteres, daß ein Wendezeiger zusammen mit einem Scheinlotweiser für diese praktischen Aufgaben der Querneigungsmessung völlig ausreicht. Hierbei liegt jedoch im Grunde, ebenso wie bei den Behelfsgeräten des Abschnitts 5, die Annahme vor, daß außer der Schwere und der Fliehkraft keine weiteren Beschleunigungen in der Ebene senkrecht zur Flugzeuglängsachse wirken.

Außerdem ist für den unbefangenen praktischen Flieger, der ohne mechanische Überlegungen an seine Meßgeräte herantritt, die unmittelbare Anzeige des wahren Lots sinnfälliger als das mittelbare Verfahren der Kurvenmessung.

Wir werden im folgenden Abschnitt die wichtigsten Wendezeiger beschreiben und dabei sehen, daß sie die Winkelgeschwindigkeit der Kurvendrehung um die

Flugzeughochachse oder um die scheinbare Lotrichtung oder um die wahre Lotrichtung — das ist die wirkliche Winkelgeschwindigkeit der Kursänderung —
anzeigen, jedoch in den meisten Fällen nur angenähert um diese Achse. Je nachdem ist auch die Ermittlung des wahren Lots aus der Scheinlotrichtung und der
Ablesung des Wendezeigers verschieden:

Wenn der Wendezeiger an die Flugzeughochachse gefesselt ist und die Drehung
um sie anzeigt, so liefert er bei der Flugzeugschräglage χ die Komponente $\overline{\omega} = \omega \cdot \cos \chi$
der Kursänderungsgeschwindigkeit ω. Die Schräglage χ ist aber hinreichend
genau durch das Scheinlot gegeben, wobei, wie oben gesagt, angenommen werden
soll, daß dies lediglich durch die Schwerebeschleunigung g und die Fliehkraft-
beschleunigung $v \cdot \omega$ bedingt ist (v = Fluggeschwindigkeit in m/s); dann wird
$\operatorname{tg} \chi = \dfrac{v \cdot \omega}{g}$, und die gemessene Wendegeschwindigkeit um die Hochachse liefert
für den Winkel zwischen wahrem Lot und Scheinlot:

$$\sin \chi = \frac{v \cdot \overline{\omega}}{g}.$$

Ungefähr das gleiche gilt, falls der Wendezeiger die Wendegeschwindigkeit
um das Scheinlot angegeben hat.

Wird aber durch entsprechende Bauart des Wendezeigers die Drehung ω um
das wahre Lot gemessen, so läßt sich auch dessen Richtung unmittelbar anzeigen.

Es ist also in jedem Fall vorteilhaft, den Wendezeiger so abzustimmen, daß er
infolge seines Ausschlages selbst bereits das wahre Lot bzw. den Schräglagenwinkel
des Flugzeuges in der richtig geflogenen Kurve angibt, unter der Annahme der Abwesenheit anderer störender Beschleunigungen in der Querneigungsebene.

9. Wendezeiger.

Die Geräte zum Anzeigen der Kursänderungsgeschwindigkeit ω sind danach
einzuteilen je nach der Achse, um die herum die Winkelgeschwindigkeit, eine Komponente von ω, angezeigt wird.

Alle Geräte, die irgendwie an das Flugzeug gefesselt sind, geben die Wendung $\overline{\omega}$
um dessen Hochachse; alle Anordnungen von Pendeln mit eingebauten Kreiseln
oder von Druckmessern, die von Massenkräften abhängig sind, liefern die Wendegeschwindigkeit um das Scheinlot; alle Wendezeiger, die sich durch passende
Bemessung nicht nur mit ihrem Ablesezeiger, sondern mit ihren auf Wendungen
ansprechenden Teilen in die wahre Lotrichtung einstellen, geben unmittelbar die
Kursänderungsgeschwindigkeit ω.

Bestimmt man beispielsweise durch zwei voneinander unabhängige Geschwin-
digkeitsmesser den Unterschied der Fluggeschwindigkeit an beiden Flügelenden
und teilt ihn durch die Spannweite bzw. den Abstand der beiden Geschwindigkeits-
messer, so erhält man unmittelbar die Wendegeschwindigkeit um die Hochachse.
Die einfachsten Wendezeiger sind danach zwei Windschrauben o. dgl. mit
Fernablesung, wie die Morelltachometer, bei denen zwei Schalenkreuze je einen
Stromerzeuger betreiben und der Spannungsunterschied, der dem Drehzahl- und
Geschwindigkeitsunterschied entspricht, an einem gemeinsamen Voltmesser ab-

gelesen wird; oder auch zwei Staudruckmesser mit je einer Doppelleitung, die auf je ein Manometer wirken.

Schaltet man, wie es G. von dem Borne [9] zuerst vorgeschlagen hat, zwei Staudruckmesser an den beiden Flügelenden durch je eine Rohrleitung gegeneinander an ein gemeinsames Manometer, so wird überhaupt keine Kurve angezeigt, weil der Staudruckunterschied an beiden Flügelenden gerade aufgehoben wird durch die wagrechte Fliehkraftwirkung der Luftsäule in den Leitungen längs der Spannweite, während der Unterschied der statischen Drücke zwischen dem höher und dem tiefer liegenden Flügelende genau der senkrechten Gewichtskomponente der gleichen Luftsäule entspricht [16, 5].

Wird dagegen an jedem Flügelende ein Gerät mit seitlichen Öffnungen angebracht, das nur die statischen Drücke aufnimmt, so hebt sich deren Unterschied zwar wiederum gegen die senkrechte Gewichtskomponente der Luftsäule in den Leitungen auf; dagegen verbleibt ein Minderdruck für den schneller bewegten Flügel infolge der nach außen gerichteten Fliehkraftwirkung auf dieselbe Luftsäule, und der entspricht der wirklichen Kursänderungsgeschwindigkeit und dem wagrechten Abstand der Meßstellen, also wiederum der Wendegeschwindigkeit um die Hochachse des Flugzeuges [16, 5]. Für den praktischen Gebrauch geben diese Geräte zu kleine Anzeigen; man verwendet daher statt der statischen Druckmesser mehrfache Düsen nach Bruhn [24], die einen verstärkten Unterdruck und damit einen größeren Manometerausschlag ergeben. Auch dann beziehen sich die Werte auf die Wendung um die Hochachse.

Bei derartigen Geräten hat man bereits die Möglichkeit, den Druckmesser so abzustimmen, daß sein Zeiger stets genau nach unten weist, also das wahre Lot angibt — vorausgesetzt, daß das Flugzeug theoretisch richtig in der Kurve liegt und außer der Fliehkraft keine Störbeschleunigungen wirken.

Dasselbe ergibt sich für verschiedenartige Kreiselgeräte zum Anzeigen der Wendegeschwindigkeit. Sie beruhen sämtlich auf der Präzession eines Kreisels, dessen Drehachse im ungestörten Zustand senkrecht zur Flugzeughochachse, also im allgemeinen entweder zur Längsachse oder zur Querachse des Flugzeuges parallel gelagert ist, um die zur Kreiseldrehachse querstehende wagrechte Achse: durch die Wendegeschwindigkeit des Flugzeuges (richtiger deren Komponente senkrecht zur Kreiseldrehachse) wird ein Kreiselmoment erzeugt, das entweder durch Formänderung einer Feder oder durch Verstellen eines Pendels gegen die gesamte Massenkraft (Schwere, Fliehkraft und andere Störbeschleunigungen) gemessen wird.

Die erste Lösung wurde grundsätzlich von Foucault erkannt [23], aber in ihrer Anwendung als Meßgerät für Schiffe zuerst 1910 unabhängig von Rosenbaum [34] und von Wimperis [40] verwirklicht, von Drexler und Lachmann zuerst auf Flugzeuge angewendet: ein Kreisel, dessen Drehachse mit der Längs- oder Querachse des Flugzeugs zusammenfällt, liegt in einem Rahmen, der um die jeweils andere wagrechte Achse drehbar ist; jedoch ist diese Drehung durch Federn elastisch beschränkt. Diese Federn, die z. B. beim Drexler-Steueranzeiger [39, 28, 29, 4, 8, 20, 23] als flüssigkeitgefüllte Membrankapseln ausgeführt und daher gut gedämpft werden, stellen gleichzeitig eine Wägevorrichtung für das Drehmoment dar. Beschreibt nun das Flugzeug eine Kurve, so wirkt die Komponente der Kursänderungsgeschwindigkeit um die Hochachse (streng genommen:

um die zur jeweiligen Lage der Kreiselachse senkrechte Achse!) auf den Kreisel als Stördrehung, die ein Präzessionsmoment hervorruft; je größer die Winkelgeschwindigkeit, desto größer dieses Kreiselmoment, desto stärker der Ausschlag des Kreiselrahmens und die Formänderung der Federn, die durch einen Zeiger über einer Teilung sichtbar gemacht werden kann. Mit dem Wendezeiger wird zweckmäßig ein gewöhnliches Pendel oder eine Wasserwage verbunden, die das Scheinlot anzeigt. Außerdem kann das Gerät für jedes Flugzeug ungefähr so abgeglichen werden, daß der Zeiger stets senkrecht steht.

Abb. 33.
Askania - Wendezeiger mit Schlauchtülle für die Saugluft.

Beim Drexler-Steuerzeiger ist noch eine Vorrichtung [39] vorgesehen, die den Neigungsmesser je nach der Wendegeschwindigkeit mehr oder weniger nachdreht, und zwar in einem einstellbaren Verhältnis, derart, daß der Flieger nicht die theoretisch richtige, sondern die fliegerisch bequemste Kurvenschräglage, die ja meist mit Schieben nach außen verbunden ist, einhalten kann, wenn er so steuert, daß der nachgedrehte Querneigungsmesser Null zeigt. Diese Vorrichtung hat jedoch das Bedenken, daß der Flieger ja gar nicht die für ihn bequemste Fluglage ein-

Abb. 34.
Einzelteile des Askania-Wendezeigers.

steuern soll, sondern die, bei der die Luftreisenden und die Fracht stets in gleicher Richtung zum Rumpfboden hin beschleunigt werden, d. h. bei der sie möglichst wenig von Kurven und anderen Flugvorgängen merken; das ist aber die Lage, bei der Flugzeughochachse und Scheinlot zusammenfallen. Um das zu erreichen, genügt ein gewöhnlicher Neigungsmesser ohne die Nachdrehung, die sich übrigens auch beim Drexler-Steuerzeiger (durch Einregeln in die Mittellage) unwirksam machen läßt.

Während dieses Gerät elektrisch angetrieben wird, und zwar durch einen mit Windschraube betätigten Drehstromerzeuger, haben die Askania-Werke (Bambergwerk) neuerdings einen Wendezeiger mit luftgetriebenem Kreisel herausgebracht [27] (s. Abb. 33 und 34): aus dem Kreiselgehäuse wird die Luft mittels einer vom Flugwind durchströmten mehrfachen Düse herausgesaugt. Die Außenluft strömt durch eine Spaltdüse auf den Kreisel und versetzt ihn in Drehung, aber nicht durch Schaufeln (nach Art einfacher Turbinen) am Kreiselumfang, sondern durch Reibung an den Scheiben, in die die Kreiselmasse zerlegt ist.

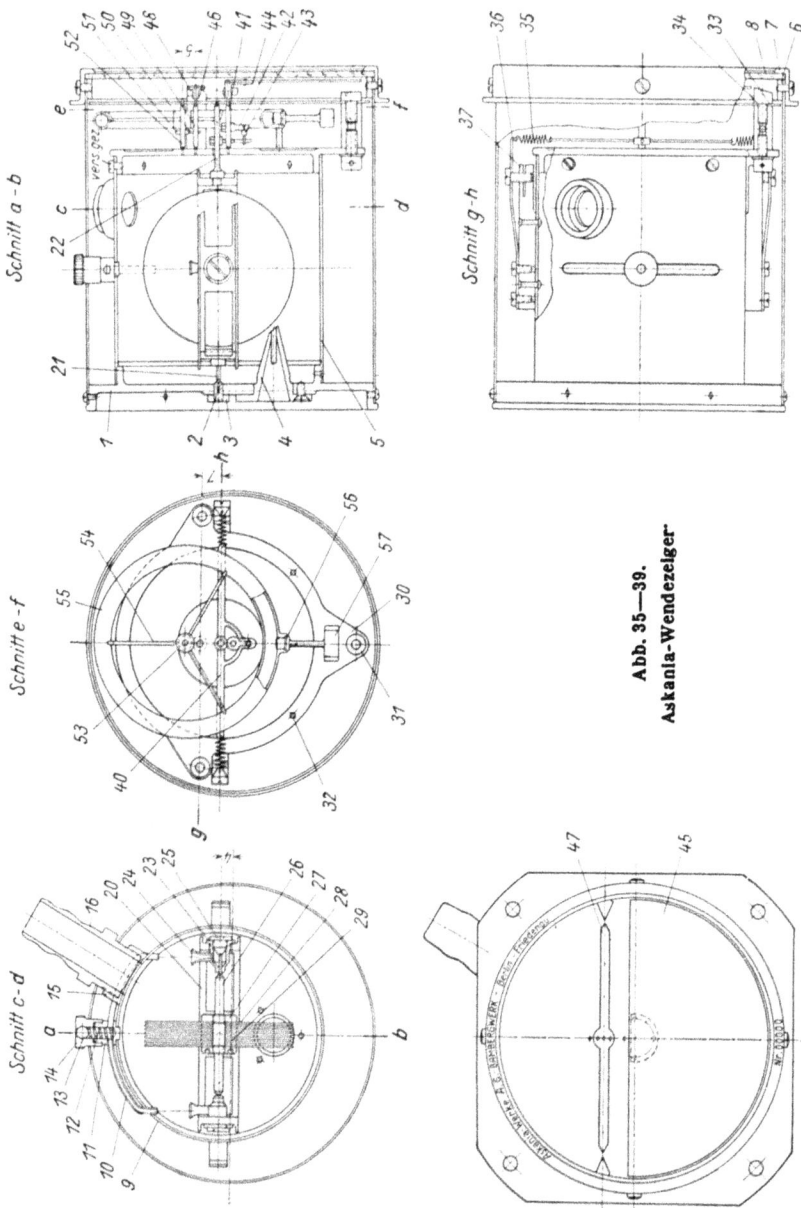

Abb. 35—39.
Askania-Wendezeiger

Der Kreisel erhält dadurch eine viel größere Drehzahl als bei sonstigem Luftantrieb und kommt sehr rasch »auf Touren«; jedoch ist er wesentlich leichter und von geringerem Trägheitsmoment als andere Geräte, was durch entsprechend verkleinerte Steifigkeit der Rückführfedern ausgeglichen wird. Im übrigen wirkt das Gerät gerade wie der vorher beschriebene Kreiselwendezeiger. Die Einzelausfüh-

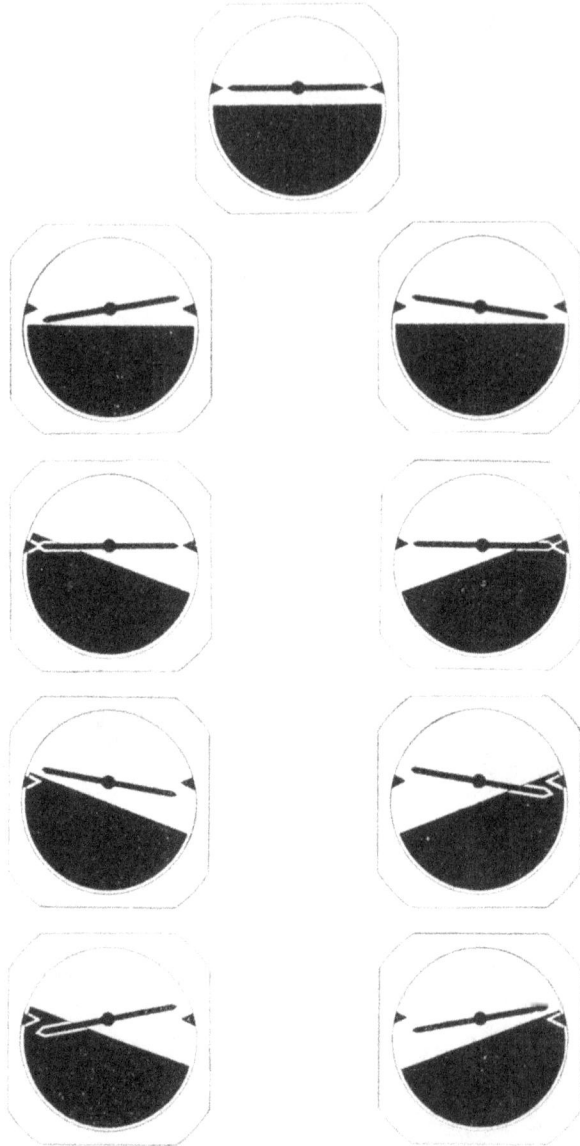

Abb. 40—48.
Anzeigen des Askania-Wendezeigers in 9 verschiedenen Fluglagen,
die denen von Abb. 11—19 oder 24—32 entsprechen.

rung zeigen Abb. 35 bis 39; die analogen Anzeigebilder zu Abb. 24 bis 32 geben Abb. 40 bis 48. Bemerkenswert ist dabei, daß hier das Pendel (s. Abb. 37), dessen bereits im 4. Abschnitt wegen seiner Quecksilberdämpfung nach Art eines

Schlingertanks gedacht wurde, durch ein besonderes Getriebe seinen Zeiger gegen-
läufig bewegt, um die Anzeige der Flugzeugneigung für den Flieger sinnfällig
und auffallender zu gestalten.

Auf einem anderen Grundsatz beruht ein weiteres Kreiselgerät von Anschütz
[10]: hier ist der Kreisel nicht an das Flugzeug, sondern an das scheinbare Lot
gefesselt, er gibt also zunächst die Komponente der Kursänderungsgeschwindigkeit
um dieses an. Der Kreisel ist nämlich in einem ebenen Pendel mit ursprünglich
wagrechter, zur Pendeldrehachse querstehender Drehachse querschiffs aufgehängt;
bei ruhendem Kreisel müßte das Pendel in das Scheinlot einschwingen. Bei laufen-
dem Kreisel ruft die Wendegeschwindigkeit wiederum ein Präzessionsmoment
hervor, das das Pendel aus dem Scheinlot herausdrängt. Je rascher die Kursänderung, desto größer die Abweichung des Kreiselpendels von einem gewöhnlichen
Pendel, das gleichachsig aufgehängt wird und den Nullpunkt für die Stellung des
Kreiselpendels liefert oder auch die Ableseteilung unmittelbar tragen kann.

Obwohl dieses Gerät meines Wissens nicht ausgeführt ist, entbehrt es doch
keineswegs des Interesses, weil es eine andere (Pendel-) Form des Kreiselwende-
zeigers vertritt. Für die praktische Verwendung scheint sich der elastisch gefesselte
Kreisel einzubürgern.

Durch die dauernde Vervollkommnung der Kompasse hat freilich der Wendezeiger an unmittelbarer Bedeutung eingebüßt; unsere neuesten Kompasse stehen
auch beim Fliegen im Nebel recht ruhig.

Damit entfällt dann auch die Notwendigkeit, den Wendezeiger mit Integra-
tionsvorrichtungen auszurüsten, die die gesamte Abweichung vom ursprünglichen
Kurs angeben und damit den Kompaß teilweise unentbehrlich machen sollen. Man
kann umsomehr ohne sie auskommen, wenn man beachtet, daß der Wendezeiger
ebenso wie der Neigungsmesser in erster Linie ein Nullanzeiger zum Einhalten
der günstigsten Fluglage und -Richtung ist.

Literaturverzeichnis.

1. Anschütz & Co., Der Fliegerhorizont von Anschütz & Co. (nur zum Dienstgebrauch).
   24 S. und 9 Abb. Neumühlen, Dezember 1916; auch D. R. P. Nr. 286498 (Zeiß),
   253477 u. 281952 (Anschütz).
2. Bennewitz, Flugzeuginstrumente. Handbuch der Flugzeugkunde. Unter Mit-
   wirkung des Reichsamtes für Luft- und Kraftfahrwesen. Herausgegeben von F.
   Wagenführ, Oberstleutnant a. D., vormals Major und Kommandeur der Flugzeug-
   meisterei. Band VIII. Flugzeuginstrumente. Gr.-8°. 324 S. mit 386 Abb. im Text.
   Berlin W 62. 1922. Verlag Richard Carl Schmidt & Co. S. 131—154.
3. Luigi Biondi, Il girostato nelle sue applicazioni agli instrumenti di navigazione
   aerea: Anwendungen des Kreisels bei Luftfahrt-Meßgeräten (Vortrag Juni 1925 auf
   der Hauptversammlung der »Assoziazione italiana di Aerotecnica«). L'Aerotecna 5,
   Nr. 4 vom Juli-August 1925, S. 207—228, mit 15 Abb.
4. Paul Böhm, Der Kreisel als Wendezeiger. Der Motorwagen 5, Nr. 10, vom 10. April
   1922, S. 184—188.
5. Sir Horace Darwin, The Static Head Turn Indicator. Aeronautical Journal 23,
   S. 217, 1919.
6. H. Darwin, Staudruckkurvenmesser. Aeronautics 17, 1919, S. 410—412.
7. F. Drexler, Ein astatischer Kreisel mit elektromotorischem Antrieb für die künstliche Stabilisierung von Flugzeugen. Der Motorwagen 16, 1913, S. 69 u. 184.

8. Drexler, Neuzeitliche Bordgeräte zur Flugzeugorientierung. Vortrag vor der VI. ordentlichen Mitgliederversammlung der Wissenschaftlichen Gesellschaft für Luftfahrt am 14. Oktober 1920.

9. D. R. P. Nr. 310675 (G. von dem Borne, Neigungs- u. Kurvenmesser).

10. D. R. P. Nr. 301738 (Anschütz & Cie., Wendezeiger).

11. D. R. P. Nr. 299615 (Stabilisator von H. S. Maxim).

12. H. N. Eaton, A. M., K. Hilding Bey, B. S.; William C. Brombacher, Ph. D.; W. Willard Frymayer, B. S.; H. B. Henrickson; C. L. Seward, B. S.; D. H. Strother, M. S. Aircraft Instruments. Ronald Aeronautic Library. Herausgegeben von C. de F. Chandler. New York 1926. The Ronald Press Company, S. 120—130.

13. E. Everling, Die wahre Neigung von Flugzeugen. Mitteilung aus der Deutschen Versuchsanstalt für Luftfahrt. Der Motorwagen 22, Heft 28 vom 10. Oktober 1919, S. 531—533.

14. E. Everling, Das Messen der wahren Neigung. Das Weltall 21, Heft 9/10 und 11/12, 1921, S. 67—73.

15. E. Everling, Neigungs- und Kurvenmessung bei Flugzeugen. Der Motorwagen 24, Nr. 14 vom 31. August 1921, S. 491—493.

16. E. Everling, Meßgeräte und Mechanik. Zeitschrift für Flugtechnik und Motorluftschiffahrt 14, Heft 3 u. 4 vom 26. Februar 1923, S. 25—29.

17. E. Everling, Mechanik des Flugzeuges. Kräfte am Flugzeug; Moedebecks Taschenbuch für Flugtechniker und Luftschiffer. 4. Aufl. Berlin 1923, S. 471.

18. E. Everling und H. Koppe, Meßgeräte für Flugzeuge. Zeitschrift des Vereines deutscher Ingenieure 66, Nr. 13, 1922, S. 322—326.

19. W. S. Franklin und H. M. Stillmann, Inclinometers and Banking Indicators. National Advisory Committee for Aeronautics Report Nr. 128 (Aeronautic Instruments Section IV: Direction Instruments). Washington, Government Printing Office, 1922, Part I, S. 1—15.

20. Gustavo F. Gerock, Drexler-Kreisel-Steuerzeiger. Aviation 2, Nr. 14, vom 28. Febr. 1922. S. 24—25.

21. L. Girardville, Der Delaportesche Flugzeugstabilisator. Comptes Rendus 152, 1917, Nr. 127.

22. R. Grammel, Zur Störungstheorie des Kreiselpendels. Zeitschrift für Flugtechnik u. Motorluftfahrt 10, 1919, Nr. 1, S. 1—12; vgl. auch die Bemerkung dazu von A. Boykow und die Erwiderung von R. Grammel, ebenda, Nr. 11/12, S. 125—126.

23. R. Grammel, Der Kreisel. Seine Theorie und seine Anwendungen. Braunschweig 1920. Friedrich Vieweg & Sohn, S. 235—256, § 18: Astatische Kreisel, S. 272—292; § 20: Pendelkreisel.

24. W. Hort, Ein neues Instrument zur Geschwindigkeitsmessung auf Flugzeugen. Zeitschrift für Flugtechnik und Motorluftschiffahrt 9, Nr. 11/12 vom 8. Juni 1918, S. 67—71.

25. W. Klemperer, Schräglage in Kurven. Deutsche Luftfahrer-Zeitschrift 23, 1919, S. 7—8 und S. 13—14.

26. H. Lorenz, Technische Anwendungen der Kreiselbewegung. Erweiterter Sonderdruck aus der Zeitschrift des Vereines deutscher Ingenieure 1919, S. 1224.

27. W. Möller, Askania-Horizontkreisel. Flugsport 18, Nr. 17 vom 21. August 1926, S. 338—340.

28. Neigungsmesser. Aerial Age Weekly 11, 1920, S. 257—258.

29. A. Neuburger, Der Drexlersche Steuerzeiger. L'Aérophile 19, 1911, S. 84.

30. A. Neuburger, Drexlers Steuerzeiger. Verkehrstechnik 1, 1920, S. 51—53.

31. F. H. Norton und E. T. Allen, Control in Circling Flight. National Advisory Committee for Aeronautics, Tech. Report Nr. 112, 1921.

32. D. Thoma, Zur Theorie der Kompaßstörungen. Zeitschrift für Flugtechnik und Motorluftschiffahrt 16, Nr. 23, 1925, S. 486—487.

33. Th. Rosenbaum, Schiffbau 12, Nr. 4 vom 23. November 1910, S. 118.

34. Th. Rosenbaum, Ziel- und Lotanzeigegerät »Gyrorector« für Nacht- und Nebelflüge. Illustrierte Flugwoche 6, Nr. 5/6 vom 12. März 1924, S. 43—44.

35. R. C. Sylvander und E. W. Rounds, Turn Indicators. National Advisory Committee for Aeronautics Report, Nr. 128 (Aeronautic Instruments Section IV: Direction Instruments), Washington, Government Printing Office, 1922, Part IV, S. 50—67.
36. D. L. Webster, Neigungsmesser. Phys. Rev. 14 (1919), S. 161—163.
37. A. Wedemeyer, Terrestrische Ortsbestimmung. 2. Der Fliegerhorizont. Moedebecks Taschenbuch für Flugtechniker und Luftschiffer, 4. neu bearbeitete Auflage. Berlin W 1923. Verlag von M. Krayn, S. 314—317.
38. Kurt Wegener, Die Führung des Flugzeuges; a) Das Meßgerät. 5. Gleichgewichtsprüfer. Moedebecks Taschenbuch für Flugtechniker und Luftschiffer. 4. neu bearbeitete Auflage. Berlin W 1923. Verlag von M. Krayn, S. 659; 6. Richtungsanzeiger; ebenda, S. 659—661.
39. Wertheim, Der Drexler-Steueranzeiger, ein unentbehrliches Kreisel-Gerät für das Fliegen in Wolken, bei Nacht und Nebel. Flugsport 1920, Nr. 14, S. 104.
40. Wimperis, Britisches Patent 7285 von 1910.
41. Un Indicateur de virage de haute précision (Ein sehr genauer Wendezeiger). L'Aéronautique 7, Nr. 72 vom Mai 1925, S. 193.
42. S. Garten, Über die Grundlagen unserer Orientierung im Raum. Abhandlungen der Mathematisch-Physikalischen Klasse der Sächsischen Akademie der Wissenschaften 86, Nr. 4, Leipzig 1920, B. C. Teubner; dort auch weitere Literatur.
43. E. Everling, Meßgeräte für das Fliegen im Nebel. Verkehrstechnische Woche 20, Nr. 49, vom 8. Dezember 1926, S. 632 bis 637.

Probleme der terrestrischen Navigation im Luftfahrzeuge.

Von Korv.-Kapitän a. D. H. Boykow, Berlin.

Die Aufgaben der terrestrischen Navigation im Luftfahrzeuge, sei es nun Flugzeug oder Luftschiff, konzentrieren sich auf zwei Spezialgebiete, einmal die Kursnavigation — auch Kompaßnavigation genannt — mit ihren Annexen von Kurskoppelung und Peilung und zweitens auf das für die Luftfahrt und Luftnavigation allerwichtigste Gebiet, nämlich das sog. Stromproblem. Die reine Kursnavigation ist in erster Linie vom Kompaß abhängig, der als Instrument in dieser Arbeit nicht behandelt werden soll, sondern gesondert bearbeitet wird. Hierher gehört auch der Sonnenkompaß des Verfassers, der neuerdings vielfach auf Forschungsfahrten in sonst navigatorisch schwierigen Gebieten, wie der Arktis, mit viel Erfolg verwendet worden ist. Die Kurskoppelung und das aus ihr resultierende sog. »gegißte Besteck« sind ganz einfache und allgemein bekannte Rechnungsvorgänge bzw. Ergebnisse, die sich auf die Lösung der verschiedenen Aufgaben in ebenen rechtwinkligen Dreiecken beziehen. Hierauf braucht an dieser Stelle nicht näher eingegangen zu werden. Von der gesamten Gruppe der verschiedenen Peilungen hat in der Luftschiffahrt hauptsächlich die Spezialform der sog. Deckpeilung Wichtigkeit, denn die Deckpeilung, so man eine solche haben kann, ist eines der allereinfachsten Mittel zur gänzlichen oder doch wenigstens teilweisen Lösung des Stromproblems, das, wie schon eingangs erwähnt, nächst der Kursnavigation die allerwichtigste Aufgabe der terrestrischen Luftnavigation darstellt.

Deckpeilung nennt man in der Seenavigation eine Visur, in welcher sich zwei Objekte decken. Ist die Distanz zwischen den beiden sich deckenden Objekten groß, dann stellt die Deckpeilung den exaktest gerichteten Visierstrahl dar, welchen man navigatorisch erhalten kann. Der Schnittpunkt zweier solcher Deckpeilungen ist die genaueste terrestrische Ortsbestimmung der Seenavigation, weil sie unabhängig von allen magnetischen und mechanischen Fehlern einer Kompaßablesung ist. Man verwendet daher in der terrestrischen Seenavigation überall dort, wo es sich um ganz exakte Raumbestimmungen handelt, wie z. B. bei Kompaßkontrollen, Deviationsbestimmungen desselben, Probefahrten usw., immer die Deckpeilung und schafft sich für Probefahrten, falls man keine markanten Deckpeilungsobjekte zur Verfügung hat, solche künstlicher Natur. Dieser Begriff der Deckpeilung geht in etwas abgeänderter Form auch mit voller Wichtigkeit in die Luftnavigation über. Sie ist das hauptsächlich angewendete Mittel zur Bestimmung der ev. vorhandenen Abtrift durch Seitenwind, kurz »Luvwinkel« genannt. Es ist nämlich wesentlich auch nichts anderes als eine Deckpeilung, wenn man etwa in einem vertikalen Beobachtungsinstrument vom Bord des Luftfahrzeuges aus eine Strichplatte so gegen die Kiellinie verdreht, daß das während der Fahrt unterhalb wegziehende Gelände längs dieses Striches läuft. Der Winkel, den dieser Strich mit der Kiellinie des Luftfahrzeuges einschließt, ist gleich der durch Seitenwind hervorgerufenen Abtrift, kurz, gleich dem Luvwinkel. Es ist im wesentlichen nichts anderes, als was der Führer des Luftfahrzeuges, wenn er genügend weite Sicht hat, auch ohne ein solches Spezialinstrument tun kann, wenn er nämlich, gegen den Horizont blickend, beobachtet, in welcher Blickrichtung sich nahe gelegene Bodenobjekte gegen Horizontobjekte seitlich nicht verschieben. Diese Richtung ist dann die Richtung der wahren Fahrt über Grund, wie sie durch eine solche, ich möchte sagen, »gleitende Deckpeilung« festgestellt wird, und der Winkel, den diese Richtung nach dem Horizont mit der Kiellinie des Luftfahrzeuges einschließt, ist wieder gleich der durch Seitenwind hervorgerufenen Abtrift der Fahrt. Wir sehen also, daß allen in der Luftfahrt gebräuchlichen Mitteln zur Bestimmung der Abtrift bzw. des Luvwinkels stets das uralte Prinzip der Deckpeilung zugrunde liegt, wenn allerdings auch in etwas verschleierter Form.

Damit kommen wir bereits zur zweiten Aufgabe der Luftnavigation, das ist die Lösung des Stromproblems. Das Stromproblem stellt mathematisch die Aufgabe zur Bestimmung eines ebenen schiefwinkligen Dreiecks dar; in diesem schiefwinkligen Dreieck stellt die eine Seite die Fahrtgeschwindigkeit durch das Medium, eine zweite Seite die Fahrtgeschwindigkeit des Fahrzeuges über Grund und der von diesen beiden Seiten eingeschlossene Winkel den Luvwinkel dar. Die dritte Seite ist dann nach Größe und Richtung die Strömung des Mediums, bei Luftfahrzeugen also der Wind.

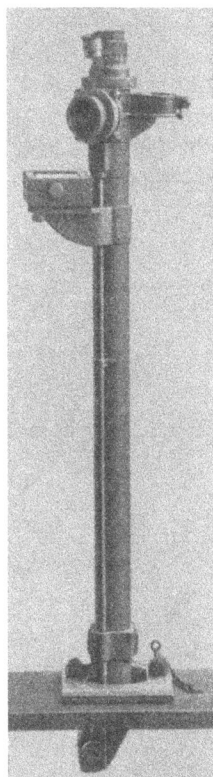

Sämtliche Seiten sind außerdem als gegenüber der Windrose gerichtet anzusehen. Daraus ergeben sich die verschiedenen Aufgaben der terrestrischen Strömungsnavigation:

1. Gegeben ist neben der stets bekannten eigenen Fahrt gegenüber dem Medium die Fahrtgeschwindigkeit über Grund und der Luvwinkel; gesucht werden Richtung und Stärke des Windes.

2. Gegeben ist neben der eigenen Fahrt gegenüber dem Medium die Richtung und Stärke des Windes; gesucht wird der zu einer bestimmten Richtung über Grund gehörende Kompaßkurs und die in diesem Kompaßkurs gemachte Geschwindigkeit über Grund.

Dies sind die beiden Aufgaben der Stromnavigation, welche in erster Linie für die Luftfahrtnavigation in Betracht kommen. Zu ihrer Lösung sind gewisse Meßvorgänge bzw.

Abb. 1.

Meßinstrumente notwendig, welche zur Bestimmung der Fahrtgeschwindigkeit über Grund sowie zur Bestimmung des Luvwinkels dienen. In den meisten Fällen ist die Lösung beider Bestimmungsstücke, d. h. Fahrtgeschwindigkeit über Grund und Luvwinkel, in einem Instrument vereinigt. Die nachstehende Abb. 1 zeigt den nach Angaben des Verfassers von der Optischen Anstalt C. P.

Goerz A.-G. herausgebrachten Grundgeschwindigkeits- und Luvwinkelmesser. Dieses Instrument hat auf fast allen Forschungsfahrten der letzten Jahre — erwähnt seien nur die Atlantik-Fahrt des L. Z. 126, der Polarflug Amundsens des Jahres 1925, die Polarfahrt der »Norge« 1926 usw. — erfolgreiche Dienste geleistet. Das Instrument ist in seiner Grundform das alte Goerzsche Abwurfsehrohr für Fliegerbomben, welches durch entsprechende Aptierung für diesen eminent friedlichen Zweck umgewandelt wurde. Die Messung des Luvwinkels kann auf zweierlei Weise erfolgen, entweder über Land durch eine drehbare Strichplatte oder über See gegenüber einem rauchentwickelnden Abwurfkörper auf der beim Pivot des Instrumentes sichtbaren, mit einer Gradteilung versehenen Fußplatte. Die Geschwindigkeit über Grund wird vermöge einer Doppelpeilung über einen bestimmten Winkel und der dazwischen vergehenden Zeit in eine Art Rechenknecht derart umgewandelt, daß bei eingestellter Höhe und Passierzeit die Geschwindigkeit über Grund unmittelbar abgelesen werden kann, und zwar in Seemeilen bzw. Kilometern pro Stunde. Es gibt eine Reihe anderer Methoden zur Ermittlung der Grundgeschwindigkeit und des Luvwinkels bzw. zur Ermittlung von Richtung und Stärke des Windes. Erwähnt sei hier eine Methode, die die Feuerprobe eines großen navigatorisch schwierigen Fluges überstanden hat, nämlich die Methode von Gago Coutinho. Die Methode von Coutinho beruht im Prinzip auf zwei Abtriftmessungen in verschiedenen Kursen, und zwar vornehmlich Kursen, die um 45° auseinander liegen.

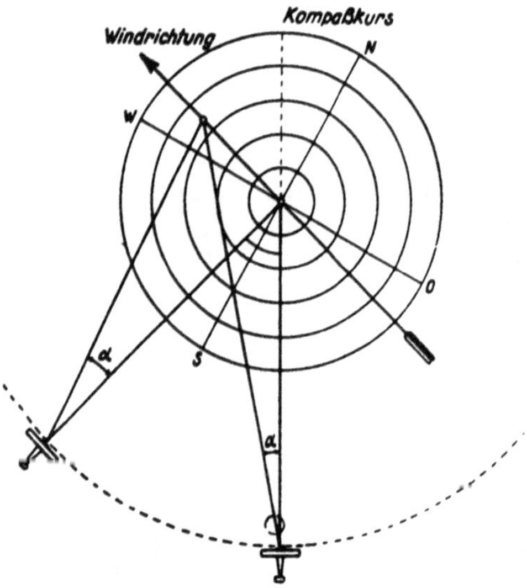

Abb. 2.

Aus Abb. 2 ist sofort zu ersehen, daß man auf diese Weise zwei Dreiecke erhält, welche als gemeinsame Basis den Wind nach Richtung und Stärke besitzen, während eine andere Seite dieser beiden Dreiecke, d. i. die Fahrtgeschwindigkeit durch Luft, in beiden Dreiecken von gleicher Größe ist. Ferner sind in diesen beiden Dreiecken die der gemeinsamen Basis gegenüberliegenden Abtriftwinkel α und α_1 bekannt bzw. gemessen. Der Winkel, welchen die beiden gleich langen Seiten des Dreiecks einschließen, ist ebenfalls bekannt und beträgt 45°. Die rechnerische Lösung ist somit nun ohne weiteres möglich, kommt jedoch praktisch nicht in Betracht, weil der Hauptvorzug dieser Anordnung in einer überaus einfachen und glücklichen mechanischen bzw. graphischen Auflösung des Problems besteht. Denke man sich in Abb. 2 an Stelle der Strahlen, welche die Fahrtrichtung über Grund bedeuten, an die beiden Flugzeugstandorte zwei schwenkbare Lineale gelegt, und hat man, wie in der Zeichnung dargestellt, ein Kompaßrose mit dem gesteuerten Kompaßkurs auf den Verbindungsstrahl — erster Flugzeugstandort — Mittelpunkt der Rose eingestellt, so ergibt die Verbindungslinie: Schnittpunkt der beiden Lineale — Mittelpunkt der Rose — den Wind nach

Richtung und Stärke. Diese mechanische Lösung erscheint so elegant, daß sie beinahe den Nachteil der doppelten Abtriftmessung auf verschiedenen Kursen aufwiegen würde. —

Sonstige ausländische Methoden sind z. B. der Navigraph von Le Prieur und das Cinémodérivometer, Type S. T. Aé. Beide Instrumente beziehen sich auf die Messung des Luvwinkels. Erwähnt sei noch ein Verfahren, welches während des Krieges von den Luftschiffern des öfteren angewendet wurde und das Richtung und Stärke des Windes nach einer kleinen Rechnung ergibt, das aber ein umständliches und zeitraubendes Manöver bedingt; nämlich: man wirft über See eine Rauch-

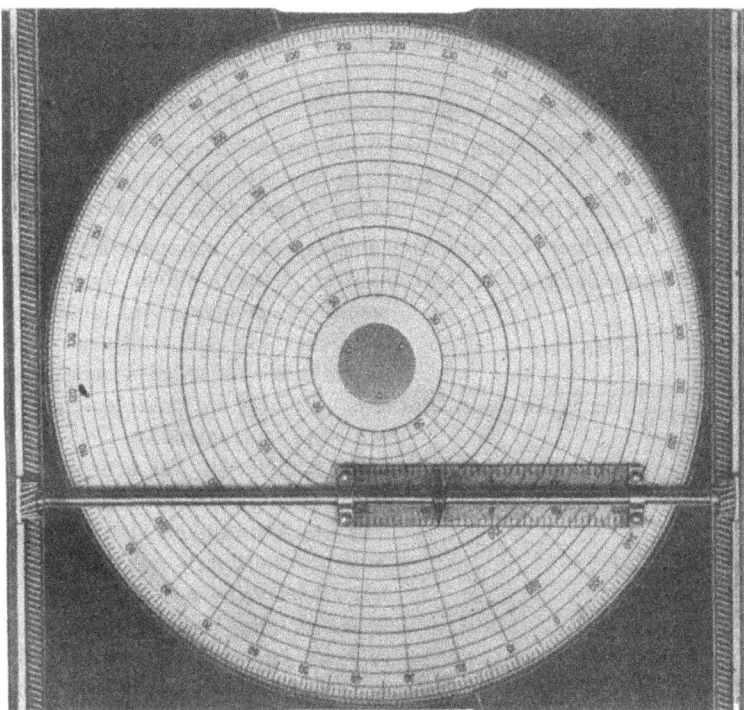

Abb. 3.

bombe ab, schlägt dann mit bestimmter Ruderstellung einen ganzen Kreis und mißt, wenn man wieder den Ausgangskurs erreicht hat, Richtung und Abstand vom schwimmenden Rauchkörper, eine Methode, die auf ein spezielles Instrumentarium verzichtet, dafür aber zeitraubend und umständlich ist.

Wie wir aus den weiter oben stipulierten Aufgaben des Strömungsdreiecks ersehen, ist die gemessene Fahrt über Grund und der gemessene Luvwinkel nicht unmittelbar eine Lösung der Aufgabe, sondern die Lösungen sind erstens einmal Richtung und Stärke des Windes, deren Kenntnis aus meteorologischen Gründen erwünscht ist, und um sie als Koppelungsgröße in die Kurskoppelung einzuführen, dann aber vor allen Dingen, um mit Hilfe dieser Daten den zu einem bestimmten Kurs über Grund gehörenden Kompaßkurs zu finden. Dies kann man auf die verschiedenste Weise machen. Im Luftschiff, wo man einen Kartentisch zur Verfügung hat und mit Zirkel und Dreieck arbeiten kann, läßt sich die Aufgabe einfach auf der Karte lösen. Im Flugzeug jedoch wird man sich der Bequemlichkeit halber mit Vorteil eines des vielen für diesen Zweck konstruierten Spezialgeräte bedienen. Der Verfasser hat z. B. für Amundsen ein solches kleines Spezialgerät konstruiert, welches »Kurs- und Geschwindigkeitssucher« genannt wird (Abb. 3).

Dieses kleine Gerät wurde mit Erfolg auf den Polarflügen Amundsens im Jahre 1925 und 1926 und während der Atlantic-Überquerung des L. Z. 126 benutzt. Das Instrumentchen gibt, nachdem Geschwindigkeit über Grund und Luvwinkel auf irgendeine Weise gemessen worden sind, unmittelbar auf folgende Fragen Antwort:

Welchen Kompaßkurs muß ich steuern, um einen bestimmten Kurs über Grund zu fahren?

Mit welcher tatsächlichen Geschwindigkeit über Grund fahre ich dann?

Die graphische Beantwortung dieser Frage mittels Dreiecks und Zirkels ist sehr einfach. Der Kurs- und Geschwindigkeitssucher gibt die Antwort mittels einiger Handgriffe absolut sinnfällig. Es sei dies im folgenden kurz beschrieben.

Auf einem Brettchen befindet sich drehbar eine Kompaßrose, die neben der radialen Richtungsteilung noch konzentrische Kreise, welche Geschwindigkeiten

Abb. 4.

bedeuten, besitzt. Auf diesem Brettchen ist ferner ein Zelluloidlineal montiert, das parallel zu sich selbst verschiebbar ist und eine Teilung in dem gleichen Maßstabe wie die konzentrische Teilung der Rose trägt (s. Abb. 4). Mit dem Luvwinkel- und Geschwindigkeitsmesser hat man Luvwinkel und Geschwindigkeit über Grund gemessen. Man markiert sich nun auf der Rose mittels Bleistiftkreuzen einmal den Ort nach Kompaß und Geschwindigkeit durch Luft und als zweites den Ort nach Luvwinkel und Geschwindigkeit über Grund. Nun dreht man die Rose, bis diese zwei Punkte in die Kante des verschiebbaren Lineals fallen. Dann hat man den Wind nach Richtung und Stärke. Die einfache Lösung der vorerwähnten Fragen wird nun folgendermaßen erreicht:

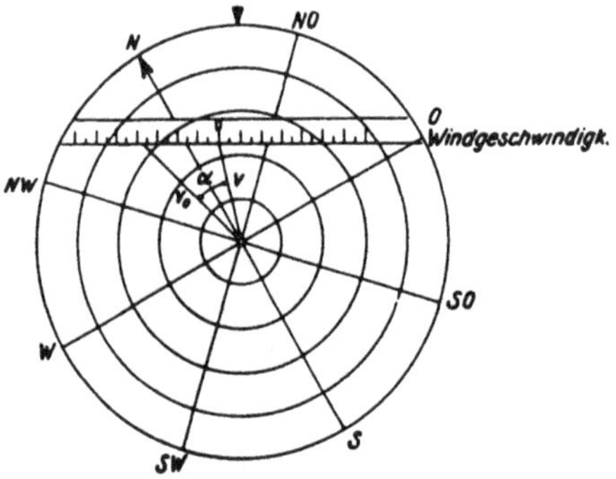

Man fährt mit dem Nullpunkt der Skala auf dem Lineal längs der gewünschten Fahrtrichtung über Grund auf der Rose entlang, bis der Skalenteil, welcher der herrschenden Windgeschwindigkeit entspricht, sich auf der Peripherie des konzentrischen Kreises befindet, der der Geschwindigkeit durch Luft entspricht, und liest dann für den gewünschten Übergrundkurs den dazu gehörigen Kompaßkurs sowie die zu diesem Kurse gehörige Geschwindigkeit über Grund ohne weiteres ab.

Wenn Grundgeschwindigkeit und Luvwinkel gegenüber einem auf der Erdoberfläche stehenden Objekt gemessen werden, so soll die Messung eigentlich beginnen, wenn das Objekt sich vertikal unterhalb des Instrumentes befindet. Befindet sich dieser Punkt bei Beginn der Messung nicht vertikal unterhalb des

Instrumentes, so wird bei Bestimmung des Luvwinkels und der Fahrt über Grund
ein Fehler gemacht. Dieser Fall tritt dann ein, wenn die Messung über See gemacht
wird und man als Markpunkt einen Fallkörper benutzt, der sich durch Rauchent-
wicklung bzw. durch eine Flamme in der Nacht kennzeichnet. Dieser Körper wird
beim Fallen stets gegen die Vertikale zurückbleiben, und zwar in der Kielrichtung
des Luftfahrzeuges, so daß die Situation eintritt, wie sie durch Abb. 5 veranschau-
licht wird. In Abb. 5 ist dieser Rücktriftwinkel des Fallkörpers mit φ bezeichnet,
die Höhe mit h; infolgedessen beträgt die Strecke in der Kielrichtung auf dem Wasser, um welche der Anfangspunkt der Messung M gegen den Fußpunkt F des Luftfahrzeuges zurückbleibt, $h \cdot \operatorname{tg} \varphi$. Das tatsächliche Meßdreieck ist das Dreieck
$M - M' - N$. Die Seiten des Dreiecks sind $v_0 \cdot t$, d. i. Geschwindigkeit durch Luft

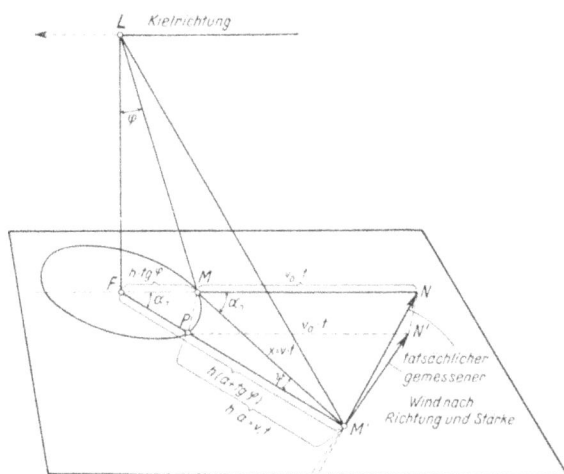

Abb. 5.

mal Beobachtungszeit; die Seite $x = v \cdot t$, d. i. das Produkt aus Geschwindigkeit
über Grund mal Beobachtungszeit und der Seite $M'N$, d. i. die Windgeschwindigkeit mal Beobachtungszeit. Der Winkel bei M ist α_0, d. i. der tatsächliche Luvwinkel. Durch die Verlagerung von M aus F wird aber nicht dieses Dreieck gemessen, sondern ein anderes Dreieck, nämlich das Dreieck $P - M' - N'$, bei dem die
eine Seite ebenfalls die Größe von $v_0 \cdot t$ hat, während die Seite PM' der Höhe h
proportional ist. Gemessen wird ein Luvwinkel α_1, der gegenüber dem tatsächlichen
Luvwinkel α_0 um den Winkel ψ differiert. Da, wie aus der Abb. 5 hervorgeht, auch
die Grundgeschwindigkeit mit einem anderen Wert bestimmt wird als dem tatsächlichen, so ergibt sich für den gemessenen Wind sowohl in Richtung als auch
Geschwindigkeit ein Fehler. Diese Fehlerbeträge in bezug auf Luvwinkel und Grundgeschwindigkeit lassen sich aus den in der Abb. 5 ersichtlichen Dreiecken folgendermaßen hinschreiben:

$$\operatorname{tg} \psi = \frac{\operatorname{tg} \varphi \sin \alpha_1}{(a + \operatorname{tg} \varphi) - \operatorname{tg} \varphi \cos \alpha_1} \quad \text{und}$$

$$x = v \cdot t = \frac{h \cdot \operatorname{tg} \varphi \cdot \sin \alpha_1}{\sin \psi} \quad \text{bzw.} \quad v = v_1 \frac{\operatorname{tg} \varphi \sin \alpha_1}{\sin \psi}.$$

Korrektur-Zahlentafel.

$\dfrac{a_1}{\varphi}$		5°	10°	15°	20°	25°	30°	35°	40°
10°	Luvwinkelkorrektur in Graden . . .	0,9	1,7	2,6	3,4	4,2	4,9	5,6	6,2
	Geschwindigkeits- korrektur in vH .	0,1	0,3	0,7	1,2	1,8	2,7	3,6	4,6
12°	Luvwinkelkorrektur in Graden . . .	1,1	2,1	3,1	4,1	5,0	5,9	6,7	7,4
	Geschwindigkeits- korrektur in vH .	0,1	0,4	0,9	1,5	2,3	3,3	4,5	5,9
14°	Luvwinkelkorrektur in Graden . . .	1,2	2,5	3,7	4,8	5,9	6,9	7,8	8,6
	Geschwindigkeits- korrektur in vH .	0,1	0,5	1,1	1,9	2,9	4,1	5,5	7,0
16°	Luvwinkelkorrektur in Graden . . .	1,4	2,8	4,2	5,5	6,7	7,9	8,9	9,8
	Geschwindigkeits- korrektur in vH .	0,1	0,6	1,3	2,2	3,4	4,8	6,5	8,3
18°	Luvwinkelkorrektur in Graden . . .	1,6	3,2	4,7	6,2	7,6	8,8	10,0	11,0
	Geschwindigkeits- korrektur in vH .	0,2	0,6	1,4	2,6	3,9	5,6	7,5	9,6
20°	Luvwinkelkorrektur in Graden . . .	1,8	3,6	5,3	6,9	8,5	9,8	11,1	12,2
	Geschwindigkeits- korrektur in vH .	0,2	0,7	1,7	2,9	4,6	6,5	8,6	11,0

In der Zahlentafel sind diese Fehler ausgewertet unter der Annahme, daß die Meßstrecke am Boden gleich der Höhe sei, daß also der Proportionalitätsfaktor gleich 1 sei. Die Zahlentafel enthält für verschiedene Werte von φ und a_1 den Korrekturwinkel ψ des Luvwinkels und die Korrektur der Geschwindigkeit über Grund v in Prozenten der gemessenen Geschwindigkeit v_1. Man sieht, daß die gemachten Fehler sowohl mit der Größe des Winkels φ als auch mit der Größe des Luvwinkels wachsen und bei entsprechend großen Werten von φ und a nicht ohne weiteres zu vernachlässigende Werte annehmen können.

Es muß also das Bestreben dahin gehen, den Winkel φ möglichst klein zu halten, was bis zu einem gewissen Grade durch entsprechende Formgebung der Fallkörper erreicht werden kann. Da diese Fallkörper aber auf dem Wasser schwimmen sollen, ihre Querschnittsbelastung daher nur klein sein kann, so wird man stets mit einem beträchtlichen Betrage von φ, der 10^0 wahrscheinlich überschreitet, rechnen müssen. Ein Blick in die beigegebene Zahlentafel zeigt jedoch, daß der Verlauf der Funktion ein sehr regelmäßiger ist, so daß man mit recht groben Eingängen ohne Interpolation arbeiten kann, also die Benutzung einer solchen Zahlentafel an sich noch keine erhebliche Mehrbelastung des Beobachters darstellt.

Damit wäre in großen Zügen die Aufgabe der terrestrischen Navigation, soweit sie bis jetzt auf die Navigierung von Luftfahrzeugen Anwendung findet, behandelt. Es bleibt noch ein kurzer Hinweis, obwohl er nicht in den Rahmen dieser Arbeit gehört, auf die besondere Wichtigkeit der Windmessungen, nicht nur in navigatorischem Sinne, sondern auch in meteorologischem, da namentlich für weite Seereisen eine Beobachtung der ungefähren Marschrichtung und des ungefähren jeweiligen Standortes einer Zyklone auch navigatorisch gewissermaßen in strategischem Sinne wichtig, ja äußerst wichtig werden kann.

Die Höhenmessung in der Luft-Navigation.

Von Dr. **Heinrich Koppe,** Privatdozent an der Techn. Hochschule zu Berlin,
Abteilungsleiter der Deutschen Versuchs-Anstalt für Luftfahrt E. V., Berlin-Adlershof.

Die vorliegende Zusammenstellung ist auf Veranlassung des Navigierungs-Ausschusses der Wissenschaftlichen Gesellschaft für Luftfahrt entstanden. — Sie erscheint zu einem Zeitpunkt, da der Luftverkehr — in Deutschland bisher mit besonderer Zähigkeit gepflegt und zu hoher Blüte entwickelt — ganz Europa mit einem dichten, Völker verbindenden Netz von regelmäßigen Luftlinien überzieht und bereits einzelne Vorboten über Ozeane und Kontinente hinweg in entlegene Erdteile entsendet.

Es kann nicht länger mehr wie bisher »mit hochseetüchtigen Ozeandampfern Küstenschiffahrt getrieben« werden; der Luftfahrer muß, wie es sein älterer und erfahrener Bruder, der Seefahrer, schon lange tut, sich selbst unabhängig von Sicht der Erde, ohne bekannte Richtlinien und Anhaltspunkte selbständig seinen Weg durch das weite Luftmeer suchen, um die ihm anvertrauten Menschen und Güter schnell und sicher an das vorbestimmte Ziel zu bringen. Das heißt Luft-Navigation! — Noch hemmt der Nebel den regelmäßigen Luftverkehr und versperrt dem bis zum Ziel vorgedrungenen Luftfahrer noch zuletzt die sichere Landung im Flughafen, weil die tastenden Organe, die Menschengeist bisher ersann, dieses letzte Hindernis noch nicht mit Sicherheit zu durchdringen vermögen. Viele Hirne und Hände sind an der Arbeit; Wissenschaft und Technik haben sich der Aufgabe bemächtigt, schon wurden Teilergebnisse gezeitigt, die die Lösung näher rücken und zu neuen Fortschritten anspornen.

Möchte eine beabsichtigte Ergänzung dieser Zusammenstellung sich recht bald als notwendig erweisen, um von der endgültigen Lösung der Aufgabe der sicheren Höhenmessung auch im Nebel zu berichten.

Luft-Navigation ist die Kunst, ein Luftfahrzeug von einem Punkte der Erde durch das Luftmeer hindurch auf schnellstem und sicherstem Wege zu einem anderen vorbestimmten Ort der Erde zu führen. Da das Luftfahrzeug als einziges Fortbewegungs- und Verkehrsmittel (neben dem Tauchboot) außer den zwei ebenen eine dritte Bewegungsrichtung beherrscht, die in den Raum weist, so ist die Feststellung der Größe dieser dritten Komponente und ihrer Veränderlichkeit eine wichtige Teilaufgabe der Luft-Navigation.

Die senkrechte Erhebung oder schlechthin die Höhe eines Luftfahrzeuges kann in der gleichen Art angegeben werden, wie es z. B. die Erdbeschreibung bei Bergeshöhen usw. tut; also bezogen auf eine festgelegte Ausgangsfläche, nämlich die durch die mittlere Höhe des Seespiegels gegebene Kugelfläche der Erde (Normal-Null = NN). Diese Art der Höhenmessung, die von einer mehr oder weniger willkürlich angenommenen und an verschiedenen Orten der Erde nur schwer feststell- und vergleichbaren Bezugsfläche ausgeht, nennt man die absolute.

Wichtiger für die Luft-Navigation ist die Feststellung einer anderen zweifach veränderlichen Größe, nämlich der Höhe über Grund, die im Gegensatz zur ersten auch die relative Höhenmessung genannt wird. Zweifach veränderlich ist sie dadurch, daß einmal das Luftfahrzeug selbst verschiedene absolute oder Seehöhen aufsuchen, dann aber auch beim Einhalten der gleichen Seehöhe sich über Erdgebiete, Ebenen, Berge verschiedener Seehöhe fortbewegen kann. Als Maß der absoluten wie der relativen Höhenbestimmung dient die Längeneinheit, das Meter.

Der Luftfahrer ist berechtigt, das ganze Luftmeer auch in seiner senkrechten Erstreckung als »schiffbar« anzusehen. Dieser Bereich, der für ihn als etwas ebenso Selbständiges, Abgeschlossenes und Einheitliches gelten kann, wie für den Seefahrer das Weltmeer, hat überhaupt nur zwei Begrenzungen; eine obere, die durch mangelnde Leistungen nicht erreichbar, eine untere, die dem erdgeborenen Menschen zugleich Ausgangspunkt, Hafen und Heimat ist, aber bei zu schneller, unvorsichtiger Annäherung auch Gefahr und Tod bringt. Der ganze weite Raum zwischen diesen Begrenzungen ist schiffbares Luftmeer, und der Luftfahrzeugführer wird sich weit mehr für dessen veränderliche Strömungen und Dichteverhältnisse interessieren als für seine absoluten Ausmaße. Da alle Leistungen von Luftfahrzeugen, Abnahmen und Rekorde, innerhalb dieses so veränderlichen Mittels festgestellt werden müssen und zu Vergleichszwecken nur auf ein als »normal« angenommenes, gesetzmäßig geschichtetes Luftmeer von ganz bestimmter absoluter Höhe bezogen werden können, so haben die absoluten Höhen zumeist nur theoretisches Interesse. Ihre Feststellung ist dementsprechend häufig verbunden mit Sonderaufgaben von Luftvermessung bzw. Luftforschung, also Selbstzweck. Eine Ausnahme muß freilich als für die Luft-Navigation wichtig vorbehalten bleiben, das ist die absolute Höhenbestimmung als Grundlage für astronomische und meteorologische Messungen.

Innerhalb des Luftmeeres hat der Luftfahrer freie Beweglichkeit und der Luftfahrzeugführer benützt das absolute Höhenmaß lediglich, um solche Luftschichten zu erreichen oder sich in ihnen zu bewegen, die auf Grund von Meldungen, Beobachtungen oder Erfahrung navigatorisch günstig erscheinen. Vorgreifend mag bemerkt werden, daß das bei dieser Luftschichtenmessung hauptsächlich angewendete barometrische Meßverfahren eigentlich nur den jeweiligen Abstand von der in ihrer absoluten Höhe veränderlichen oberen Begrenzung des Luftmeeres angibt, also durchaus keine feste Beziehung zur Seehöhe besitzt.

Neben der absoluten oder Seehöhenmessung und der relativen oder Abstandsbestimmung über Grund kann die Höhenbestimmung innerhalb des Luftmeeres oder die (barometrische) Luftschichtenmessung daher selbständig durchgeführt werden. Als Maß für die letzte Art der Höhenmessung dient die Größe des Luftdruckes, ausgedrückt in mm Quecksilber oder auch in $1/_{1000}$ des normalen Bodenluftdruckes von 760 mm = 1 Millibar. Bei gleichzeitiger Berücksichtigung der Wärmeverteilung im Luftmeer kommt man unmittelbar zur Feststellung des Luftgewichtes, der Luftwichte, als Maßeinheit für die Luftschichtenmessung.

Absolute und relative Höhe stehen durch die Seehöhe des überflogenen Geländes unmittelbar in Beziehung:

$$\text{Seehöhe} + \text{relative Höhe} = \text{absolute Höhe}.$$

Die Luftschichtenhöhe kommt nur selten der ihr im Mittel zugeordneten absoluten Höhe nahe und bietet daher für die relative Höhe keinerlei Anhalt.

Wie der Seemann sein Schiff vom Hafen durch Gewässer und Meere hindurch zum Bestimmungshafen steuert und im Vertrauen auf die Seetüchtigkeit seines Fahrzeuges sich dann am sichersten fühlt, wenn er nach allen Seiten und vor allem »unter dem Kiel« genug Wasser hat, so hält sich der Luftfahrer nach dem Verlassen des Flughafens gern in achtungsvollem Abstande vom Boden und nähert sich ihm erst vorsichtig wieder bei der Landung. Damit ist die für die praktische Luft-Navigation wichtigste Aufgabe der Höhenmessung gekennzeichnet; nämlich:

1. Zur Wahrung des nötigen Abstandes vom Boden während des Fluges mit gelegentlichen genaueren Feststellungen der Höhe aus flug- oder meßtechnischen Gründen, und

2. zur augenblicklich und zahlenmäßig überwachbaren vorsichtigen Annäherung an den Boden bei der Landung.

So sehr die relative Höhe im Luftverkehr bei hellem sichtigem Wetter allgemein auch vernachlässigt werden mag, so schwierig wird ihre Feststellung, so verhängnisvoll kann ihre Unkenntnis dem Luftfahrer werden, wenn ihre unmittelbare sinnliche Wahrnehmung unmöglich wird. Der Seefahrer scheut sich, bei Nebel seichte Gewässer, Küsten oder Häfen anzulaufen. Er zieht es vielfach vor, Anker zu werfen und sichtiges Wetter abzuwarten oder zum mindesten seine Fahrt zu verlangsamen und durch ständiges Loten sich von genügender Wassertiefe zu überzeugen. Der Luftfahrer, insbesondere der Flieger — der Luftschiffer ist im allgemeinen günstiger gestellt — kann in der Luft nicht stillstehen, kann nicht Anker werfen und bessere Sichtverhältnisse abwarten, mit rasender Geschwindigkeit, die er nur unwesentlich mindern kann, muß er seinen Flug fortsetzen. Wehe ihm, wenn die relative Höhe zu klein wird, wehe ihm, wenn besondere Umstände, Triebwerksstörungen oder Brennstoffmangel, ihn zur Notlandung zwingen über einem Gelände, dessen Höhe und dessen Beschaffenheit er nicht feststellen kann! Der Flug im Nebel hat durch die Vervollkommnung der Meßgeräte viel von seinem früheren Unbehagen verloren. Er wird in Zukunft ohne Schwierigkeiten durchgeführt werden können. Die Landung im Nebel ist dagegen eine Aufgabe, die trotz vielversprechender Ansätze heute noch nicht als gelöst zu betrachten ist, die der regelmäßigen Durchführung des Luftverkehrs noch die größten Schwierigkeiten entgegensetzt und ihn in der besonders nebelreichen Jahreszeit überhaupt noch unmöglich macht. Die Fortentwicklung des Luftverkehrs ist heute weniger eine konstruktive oder technische Frage, sie hängt ab von der Vervollkommnung der Luft-Navigation und nicht zuletzt von der relativen Höhenmessung. Diese Aufgabe muß daher auch entsprechend ihrer Bedeutung bei der folgenden Zusammenstellung in den Vordergrund der Betrachtung gestellt werden.

Zahlreich sind die Verfahren der Physik und Meßtechnik, die dem Luftfahrer zur Höhenmessung möglich erscheinen; nur wenige kommen bei den immerhin für Feinmessungen wenig geeigneten Betriebsverhältnissen in Luftfahrzeugen überhaupt ernstlich in Frage und lassen noch weitere Verbesserungen erhoffen; und unter diesen sind es wieder nur vereinzelte, die sich bis heute im praktischen Flug- betriebe so bewährt haben, daß sie wirklich als erprobte und zuverlässige Navi- gationsmittel gelten können. — Selbstverständlich scheiden alle die vielen Ver- fahren aus, die nur zur Feststellung der Höhe von Luftfahrzeugen vom Boden aus dienen.

Entsprechend ihren physikalischen Grundlagen und ihrer praktischen Anwend- barkeit bei der Luft-Navigation nach den heutigen Erfahrungen können grundsätz- lich folgende Verfahren unterschieden werden:

1. Optische Verfahren,
2. Akustische Verfahren,
3. Elektrische Verfahren,
4. Mechanische Verfahren,
5. Ballistische Verfahren,
6. Aerologische (barometrische) Verfahren.

1. Optische Verfahren.

Es ist der Mensch, der die Maschine beseelt und lenkt und mit ihr den Luft- raum beherrscht. Seine unmittelbaren Sinneseindrücke werden ihm daher die ein- dringlichsten und zugleich auch die zuverlässigsten sein. Zur Feststellung der Ent- fernung von sichtbaren, aber nicht greifbaren Gegenständen kommt fast ausschließ- lich das Gesicht in Frage. Auf Grund praktischer Erfahrungen lernt der Mensch schon im Kindesalter Entfernungen zu schätzen. Diese Schätzung erfolgt entweder auf Grund des Gesichtswinkels, unter dem ein Gegenstand von bekannter Größe erscheint, oder durch das räumliche In-die-Tiefe-Wandern von Zwischenpunkt zu Zwischenpunkt beim zweiäugigen Sehen. Die Entfernungsschätzung nach der ersten Art allein wird also nicht möglich sein, wenn die Größe des gesehenen Gegenstandes nicht vorstellbar ist, z. B. bei der Höhenschätzung eines in der Luft befindlichen Luftfahrzeuges von unbekannten Ausmaßen oder bei Sonne und Mond usw.

Die zweite Art der Entfernungsschätzung ist dann nicht durchführbar, wenn zwischen Beobachter und gesehenem Ziel keine zusammenhängenden und aufeinan- derfolgenden Anhaltspunkte das In-die-Tiefe-Wandern ermöglichen; und das ist ja gerade beim Luftfahrzeug, das frei im Raume schwebt, der Fall. Daher ist auch jedes Schwindelgefühl im Luftfahrzeug ausgeschlossen, wie überhaupt dem Neuling zu- nächst jedes Maß der Abstandswertung fehlt. Die persönliche Höhenschätzung aus dem Luftfahrzeug senkrecht nach unten wird sich also lediglich auf Gesichts- winkelfeststellungen bekannter Größen erstrecken, d. h. auf die Erkennbarkeit gewisser Dinge an der Erdoberfläche, wie z. B. einzelner Personen, Wagen, Häuser usw. Erst bei größerer Annäherung an den Boden und schräger Blickrichtung wird auch das räumliche Sehen eine Entfernungs- und damit Höhenschätzung gestatten. Bei klarstem, hellstem Wetter versagt also auch das beste, geübteste Gesicht in bezug auf die Höhenschätzung, wenn keine Gegenstände bekannter Größe wahrgenommen werden können, z. B. über See und geschlossenen Wolkendecken, wenn die Aus- dehnung der Wellen oder einzelner Wolkenballen nicht bekannt ist. (Es mag er- wähnt werden, daß dann auch noch oft der Schatten des Luftfahrzeuges selbst, wenn eine der Hauptachsen quer zur Sonne steht, zur Höhenschätzung benutzt werden kann.) Das Gesicht versagt weiter, wenn eine vollkommen gleichmäßige Fläche den Augen keinerlei Anhaltspunkte zu räumlichem Sehen bietet, z. B. eine vollkommen glatte Wasserfläche oder auch eine ganz gleichförmige Sandebene. Die sog. Ölseen sind schon manchem Seeflieger bei der Landung recht unangenehm bemerkbar geworden. — Abgesehen von diesen Ausnahmefällen wird der erfahrene Luftfahrer aber bei sichtigem Wetter fast immer in der Lage sein, nach rein persönlicher, unmittelbarer Höhenschätzung in der erwähnten Art sein Luftfahrzeug in nötigem Abstande zu halten und es vorsichtig zu landen, d. h. richtig zu navigieren.

Wo es auf genauere Messung der Höhe ankommt, muß das Auge durch besondere optische Hilfsmittel unterstützt werden. — Es versteht sich von selbst, daß es am einfachsten ist, die Höhe als Seite eines Dreieckes zu bestimmen, von dem drei oder, soweit man rechtwinkelige Dreiecke benutzen kann, zwei Bestimmungs-

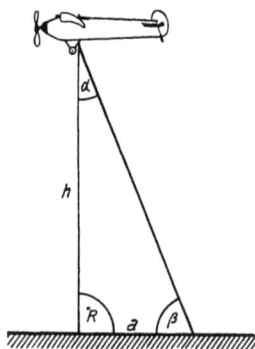 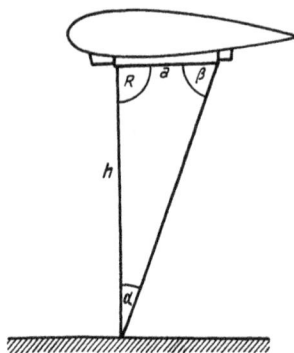

Abb. 1.   Abb. 2.

stücke bekannt sind oder gemessen werden können. Der letzte Fall wird zumeist vorliegen, da das wahre Lot bei Sicht des Erdbodens — und nur dann sind ja optische Höhenmessungen überhaupt möglich — mit hinreichender Genauigkeit geschätzt oder mit Hilfe besonderer Vorrichtungen (Pendel, Libellen, Kreisel) eingestellt werden kann. Die Höhe wird also als Kathete eines rechtwinkeligen Dreiecks bestimmt, von dem zweckmäßig die andere Kathete bekannt ist, während ein spitzer Winkel gemessen wird. Die bekannte Länge (Basis) kann dabei entweder auf dem Erdboden liegen oder im Luftfahrzeug selbst.

Es ergeben sich entsprechend den Fig. 1 und 2 die trigonometrischen Beziehungen:

$$1)\ h = \frac{a}{\operatorname{tg}\alpha} \quad \text{und} \quad 2)\ h = \frac{a}{\cot\beta}.$$

Die Winkelmessung erfolgt also in jedem Falle im Luftfahrzeuge selbst. Im ersten Falle muß zur Ausführung der Höhenmessung eine Strecke bekannter Länge senkrecht unter dem Luftfahrzeuge in der Ebene verlaufend sichtbar sein; bei Fahrten über bekanntem Gelände werden sich solche Strecken unschwer aus einer Karte abstechen lassen. Die Winkelmessung kann mit einem Sextanten oder Winkelprisma erfolgen. Ist die Sonnenhöhe ($< \beta$) für die Beobachtungszeit bekannt, so kann auch aus dem Abstand des Schattens vom Lotpunkt des Luftfahrzeuges die Höhe ohne Meßgeräte leicht ermittelt werden.

Das zweite Verfahren, bei dem die Basis im Luftfahrzeug selbst liegt, verlangt eine doppelte Winkelmessung eben an den Endpunkten dieser Basis; d. h. es muß derjenige Punkt der Erdoberfläche, der ganz genau im rechten Winkel zur Basis an deren einem Ende und auch angenähert senkrecht unter dem Luftfahrzeug gesehen wird, gleichzeitig vom anderen Ende der Basis angepeilt werden. Da die Basis im Verhältnis zur Höhe meist sehr klein — im Gegensatz zum ersten Falle — also der Winkel α sehr spitz ist, muß die Winkelmessung sehr genau ausgeführt werden, um ein noch einigermaßen brauchbares Ergebnis zu erzielen. Es werden daher Basis und Doppelwinkelmesser zweckmäßig zu einem handlichen Feinmeßgerät vereinigt, das als Entfernungsmesser bekannt und bewährt ist.[1]) Mit Hilfe von Spiegeln und Prismen wird der Sehstrahl eines Fernrohres geteilt, so daß der eine Strahl über einen festen Spiegel senkrecht zur Basis austritt, während der andere durch sehr feine Verstellung eines beweglichen Spiegels so gerichtet werden kann, daß die entstehenden Teilbilder sich im gemeinsamen Gesichtsfeld decken oder übereinanderliegen. Die Verstellung des beweglichen Spiegels wird in entsprechender Vergrößerung an einer Teilung unmittelbar als Entfernung in Metern abgelesen. Die Leistungsfähigkeit solcher Geräte hängt natürlich entscheidend von der Basislänge ab und diese ist zumeist für den Gebrauch in Luftfahrzeugen recht beschränkt. Daher haben sich Entfernungsmesser zur Höhenmessung in Flugzeugen bisher nicht einbürgern können, während sie in Luftschiffen mit Vorteil verwendet werden.

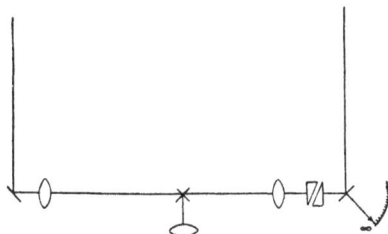

Abb. 3.

Bei Dunkelheit, aber klarer Sicht, ist es möglich, den einen Sehstrahl durch ein optisches Lot — einen Scheinwerfer — zu ersetzen. Man kommt so mit nur einer Winkelmessung aus und kann zugleich die größtmögliche Basis ausnutzen. Auch dieses Verfahren hat sich beim Luftschiff L. Z. 126 bestens bewährt. Vor dem Goerz-Scheinwerfer, der in der Vordergondel untergebracht und mit einer besonderen Lotvorrichtung versehen war, befand sich ein optisches System, das es ermöglichte, eine feine Strichmarke im hellen Lichtkreis des Scheinwerferstrahles auf dem Boden scharf abzubilden. Diese Marke wurde sodann von der hinteren Gondel durch einfache Winkelmessung angepeilt. Die Ergebnisse bei den Versuchen und der Überführungsfahrt nach Amerika waren befriedigend.

Bei Flugzeugen sind ganz ähnliche Anordnungen als Landungsmesser in der Dunkelheit schon früher angewendet worden.[2]) Der Scheinwerfer war dabei unter dem Schwanz des Flugzeuges so angeordnet, daß sein Lichtstrahl unter einem gewissen Winkel in Flugrichtung schräg nach vorn gerichtet war. Der auf dem Boden entstehende Lichtkreis wurde durch eine feste Peileinrichtung vom Flugzeugführer beobachtet. Sobald der Lichtschein unter einem bestimmten Winkel gesehen wird, ist eine gewisse Höhe über Grund erreicht. Es handelt sich also zumeist um Feststellung nur einer einzigen Höhe, nämlich der Abfanghöhe (Abb. 4). An Stelle der Peilung kann auch ein zweiter Scheinwerfer treten. Die Lage der Lichtflecke auf dem Boden zueinander gibt dann ein Maß für die Höhe über Grund, wobei etwa das Zusammenfallen der beiden Lichtflecke die Abfanghöhe bedeuten mag (Bennewitz) (Abb. 5). Die letzte Anordnung hat gegenüber der ersten den Vorteil, daß der Flugzeugführer im Augenblick der Landung keine besonderen Messungen vorzunehmen hat und seine volle Aufmerksamkeit dem vor und unter ihm liegenden Landungsgelände zuwenden kann. — Beide Anordnungen sind in ihrer Genauigkeit naturgemäß abhängig von der Längsneigung des Flugzeuges; sie liegt aber, da es sich nur um Messungen kleiner Höhen handelt, durchaus innerhalb der wünschenswerten Grenzen. Bei völliger Dunkelheit und entsprechender Stärke des Scheinwerfers besteht die Möglichkeit, bis zu 50 m Höhe über Grund zu messen.

Als optische Höhenmesser sind hier auch diejenigen Vorrichtungen kurz zu erwähnen, die auf Flugplätzen angeordnet sind, um bei sichtiger Nacht dem landenden Flugzeuge bestimmte Höhen zu kennzeichnen; wenngleich sie auch weniger als Navigationsmittel und mehr als Landungsanzeiger angesehen werden müssen

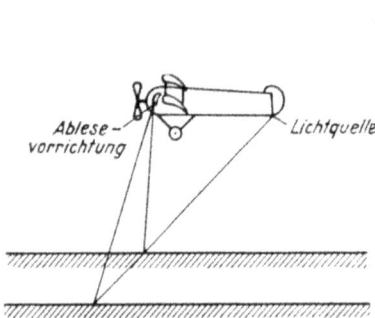

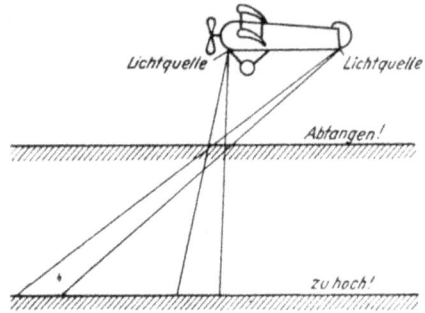

Abb. 4. Abb. 5.

(Abb. 6). Wird ein Flugplatz in bestimmter Höhe von einer Anzahl von Lampen umgeben, die farbige Blenden in der gleichen Anordnung (oben grün, unten rot: Eintauchlichter) tragen, so wird damit der Raum über dem Platz in einen oberen (grünen) und einen unteren (roten) Teil zerlegt. Der Führer weiß dann, daß er beim Eintauchen aus der ersten Zone in die zweite sich in einer bestimmten Höhe über dem Boden befindet (Abb. 7). Das von Kapt. Boykow angegebene[3]) Verfahren hat sich nicht besonders bewährt, da die Aufrichtung hoher Lichtmasten an den Flugplatzgrenzen untunlich erscheint. Ebenso werden die folgenden auf »Deckpeilung« beruhenden älteren Anordnungen heute kaum noch angewendet: Einzelne Lampen verschiedener Färbungen oder entsprechend beleuchtete Figuren werden so hintereinander angeordnet, daß sie je nach dem Standort des Beschauers ganz bestimmte Figuren geben, also auch Schlüsse auf die Höhenlage des Flugzeuges zulassen. Solche Anordnungen sind als Hönigsche Kreise oder Landungstore bekannt und aus der Abb. 8 ohne weiteres verständlich.

Bei Nachtlandungen auf Flugplätzen wird heute allgemein vorgezogen, dem Führer durch entsprechende Aufhellung des ganzen Landungsgeländes vom Boden oder vom Flugzeug selbst aus — oder aber durch Aufstellen einzelner Landungslichter hintereinander die persönliche Höhenschätzung zu ermöglichen und zu erleichtern. Besonders das letzte Verfahren hat sich recht gut bewährt!

Die photogrammetrische Höhenmessung mag nur der Vollständigkeit halber erwähnt werden, da sie für die praktische Navigation wohl kaum von Bedeutung ist. Für spätere Auswertung eines Fluges wird man sich ihrer mit Vorteil bedienen, indem man eine senkrechte Aufnahme einer Kammer mit bekannter Brennweite mit der Karte vergleicht oder Stereoskop-Aufnahmen über bekannter Basis, z. B. der Luftschifflänge, auswertet.

Alle diese optischen Höhenmesser, die zur unmittelbaren Feststellung der relativen Höhe dienen, sind also nur bei klarem, sichtigem Wetter anzuwenden.

Wesentlich schwieriger liegen die Verhältnisse, wenn die Sicht irdischer Anhaltspunkte dem Luftfahrer durch Bodennebel, Wolken oder in der Dunkelheit entzogen ist und gerade dann ist die Kenntnis der relativen Höhe, wie vorher gezeigt wurde, am dringendsten. Soweit der Nebel unmittelbar auf dem Boden aufliegt

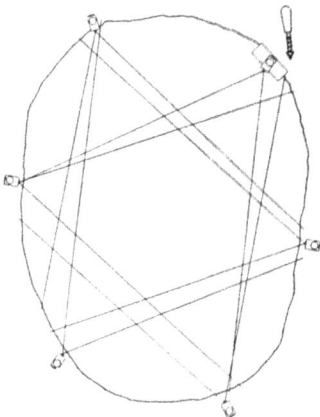

Abb. 6.

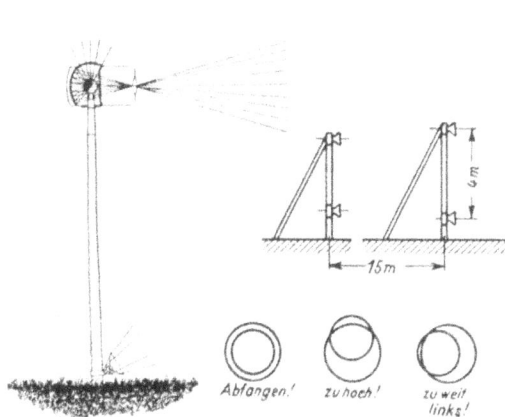

Abb. 7.

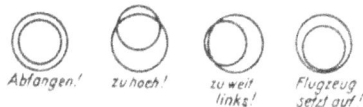

Abfangen! zu hoch! zu weit links! Flugzeug setzt auf!

Abb 8.

und nur geringe Mächtigkeit hat, werden hochragende Berge, Türme oder auch besondere Erkennungszeichen, wie etwa Fesselballone u. dgl. dem landenden Flieger willkommene optische Anhaltspunkte geben. Bei Nacht vermögen sehr starke Scheinwerfer auch Nebeldecken von nicht zu großer Dichte zu durchdringen. Der Standort eines solchen Scheinwerfers macht sich durch einen weißen Schein an der Oberfläche der Wolken gut bemerkbar, dagegen wird er beim Mondschein durch Blendung und starke Aufhellung der Wolkenoberfläche nicht zu finden sein.

Soweit also die optischen Hilfsmittel zur Feststellung der Erhebung über Grund versagen, muß man sich anderer Verfahren bedienen.

2. Akustische Verfahren.

Das wichtigste Verfahren, das nach den bisherigen Versuchen zugleich auch als aussichtsreichstes erscheint, ist die akustische Höhenmessung. Der Gedanke, das Echo zur Bestimmung der Meerestiefe zu benutzen, ist sehr alt. Verschiedene Verfahren haben die akustische Lotung auf See sowohl sehr großer als auch geringer Tiefen mit bedeutender Sicherheit gewährleistet. In der Luft und vor allem für sehr

schnellbewegte Luftfahrzeuge, also besonders Flugzeuge, liegen die Verhältnisse
wesentlich schwieriger. Zwar ist die Schallgeschwindigkeit in Luft (ca. 333 m/sec)
bedeutend geringer als in Wasser (1450 m/sec), so daß die Zeitmessung weniger
genau zu sein braucht; dagegen sind die hohen Geschwindigkeiten der Luftfahrzeuge über Grund nicht ganz ohne Einfluß und anderseits stören die starken Ge-
räusche des Triebwerks (Motor und Luftschraube) zumeist den eindeutigen Echo-
empfang erheblich. Einflüsse meteorologischer Art, Temperatur und Feuchtigkeit,
können praktisch vernachlässigt werden.

Die Schallgeschwindigkeit in trockener Luft ist gegeben durch die Beziehung:

$$c = 331 \sqrt{1 + 0{,}00367 \cdot t} \text{ m/sec.}$$

Ist die Schallgeschwindigkeit der Luft gleich c und die Zeit, die ein Schallstrahl
braucht, um von seinem Ausgangspunkt am Luftfahrzeug nach Zurückwerfung am
Boden zu seinem dicht daneben gelegenen Empfangspunkt zu gelangen, gleich t,
hat der Schallstrahl in dieser Zeit den Weg $s = c \cdot t$ zurückgelegt. In der gleichen
Zeit hat sich aber das Luftfahrzeug um den seiner Relativgeschwindigkeit v entsprechenden Weg $l = v \cdot t$ über Grund fortbewegt. Die Höhe h des Luftfahrzeuges
ergibt sich daher in Abhängigkeit von Laufzeit, Schall- und Relativgeschwindigkeit aus der Beziehung:

$$h = \frac{1}{2} t \sqrt{c^2 - v^2}.$$

Der Wurzelausdruck nimmt für verschiedene Geschwindigkeiten über Grund bei
Annahme einer Schallgeschwindigkeit $c = 333$ m/sec folgende Werte an:

bei $v = 20$ m/sec	30 m/sec	40 m/sec	50 m/sec
$= 332{,}6$	331,8	330,7	329,2

Die Reflexionswinkel sind für die gleichen Geschwindigkeiten:

$= 3{,}6^0$	5,2^0	6,8^0	8,4^0

Bei genauerer Rechnung müßte auch der Abstand der Schallquelle vom Abgangs-
organ und noch mehr dessen Abstand vom Empfangsorgan berücksichtigt werden;
diese Werte können aber für praktische Messungen durchaus vernachlässigt werden.

Jedem Freiballonfahrer und Fesselballonbeobachter ist die Schall-Lotung aus
dem Ballonkorb geläufig; bei der vollkommenen Ruhe sind die Empfangsverhält-
nisse naturgemäß sehr günstig und es genügt zumeist ein Händeklatschen oder ein
scharf ausgestoßener Ruf, um nicht nur die Laufzeit von Schallwelle und Echo
mit Hilfe einer Stoppuhr zu messen, sondern auch aus der Art des ankommenden
Echos Schlüsse auf die Beschaffenheit des Bodens zu ziehen.

Dieses »Ohrlot«-Verfahren, das von Behm (s. unten) zugleich mit seinen ersten
Versuchen im Flugzeug in Adlershof praktisch erprobt wurde[4]), zeitigte auch hier
Ergebnisse, wenn die störenden Triebwerksgeräusche im Gleitflug auf einen Mindest-
wert gebracht waren. Als Sender wurden sowohl ein Preßluftmembran-Schall-
sender, ein etwas abgeändertes »Typhon« der Fried. Krupp-Germania-Werft, A.-G.,
Kiel, als auch Pistolenschüsse verwendet. Das Echo einer betonierten Fläche war
sehr wohl von dem des bewachsenen Flugplatzes zu unterscheiden; in seiner Eigen-
heit besonders erkennbar war das Echo von Dächern und Häusern. Das Ohr vermag

also, gestützt auf reiche Erfahrungen, unter Umständen bei unsichtigem Wetter gewisse Aufschlüsse über die Beschaffenheit des Bodens zu geben.

Soweit es sich um genaue Messungen der Höhe über Grund aus Flugzeugen oder Luftschiffen mit vollaufenden Motoren handelt, bedarf es besonderer Geräte. Es ist das Verdienst des Physikers A. Behm, Kiel, auf Grund seiner langjährigen Vorarbeiten und reichen Erfahrungen mit akustischen Messungen in Wasser und Luft, ein »Echolot« für Luftfahrzeuge entwickelt zu haben, das sich bei den gegenwärtig durchgeführten Versuchen recht gut bewährt hat und einen ganz bedeutenden Fortschritt in der Luft-Navigation darstellt.

Das Luftlot von Behm besteht grundsätzlich aus einem Schallsender, zwei räumlich davon getrennten Auslösern bzw. Empfängern und einem Kurzzeitmesser. Als Schallquelle dient die Explosion einer Platzpatrone, die aus dem Laufe einer Schußvorrichtung abgefeuert wird, oder es wird eine Knallkapsel mit Hilfe einer Treibladung aus einer Patrone herausgeschossen und dann durch einen Zeitzünder in der freien Luft zur Entzündung gebracht. Es hat sich gezeigt, daß keine andere Schallquelle ein ebenso exakt einsetzendes als kräftiges Echo zu erzeugen

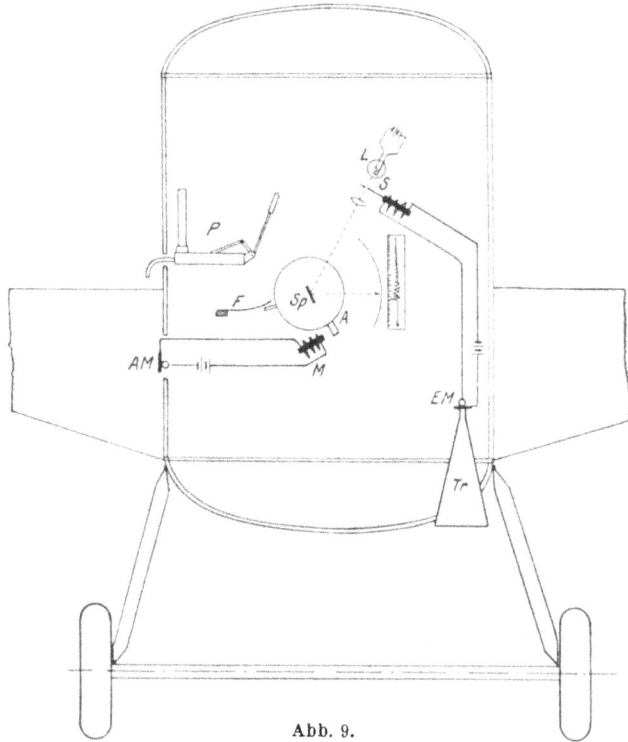

Abb. 9.

vermag als eben ein Schuß. Auslöser und Empfänger sind empfindliche Mikrophone, von denen das zweite in geeigneter Weise gegen die unmittelbare Einwirkung der Schallwellen des Senders »abgeschirmt« ist.

Der wichtigste Teil der Anordnung ist der Kurzzeitmesser. Das Behmsche Gerät zeichnet sich sowohl durch seine geniale Einfachheit als auch seine große Zuverlässigkeit und eine für die Zwecke der Luftfahrt besonders wertvolle Betriebssicherheit aus. Zur Zeitmessung dient die Laufzeit eines durch einen stets gleichmäßigen Impuls angestoßenen, sorgfältig gelagerten Schwungrades. Der Impuls wird durch eine bis zum gleichen Werte gespannte Feder F (Abb. 9) erteilt. Ein Elektromagnet M zieht das Schwungrad in seine Nullstellung zurück und spannt zugleich die Feder F. Beim Abschuß wird der Elektromagnet M durch ein Relais vorübergehend stromlos gemacht oder durch ein Abgangsmikrophon A M geschwächt, die Feder F schnellt vor und bringt das Schwungrad zum Laufen. Beim Eintreffen des Echos wird durch das Empfangsmikrophon elektromagnetisch eine Bremse ausgelöst, die das Rad festhält. Die in der kurzen Zeit stattgehabte Drehung kann entweder an einer am Umfange angebrachten Skala nach entsprechender optischer Vergrößerung abgelesen werden oder man beobachtet die Auswanderung eines auf einem mitgedrehten Spiegel *Sp* zurückgeworfenen Lichtpunktes *L* längs einer geradlinigen Teilung.

Ein derartiges eigentlich als Wasserlot ausgebildetes Gerät war in das Luftschiff L. Z. 126 eingebaut; bei den Probefahrten im Herbst 1924 wurden damit verschiedentlich Höhenmessungen bis über 200 m Höhe ausgeführt.

Das neue Luftlot, das im Flugzeug Anwendung gefunden hat, ist in der Anordnung des Zeitmessers dem alten Gerät ähnlich; nur wird das Schwungrad nicht mehr gebremst, sondern ein Lichtpunkt, der beim Ablauf des Rades einen zunächst geradlinigen Verlauf hat, wird beim Eintreffen des Echos seitlich herausbewegt, d. h. der Lichtpunkt wird erzeugt durch eine ganz feine Kugellinse auf einer Feder (Sonometer) *s*, Abb. 9, die durch das Echomikrophon *EM* elektromagnetisch erregt wird. Die Länge der geradlinigen Bahn des Lichtzeigers gibt also ein Maß für die Laufzeit für die Schall- und Echo-Welle. Die Vorrichtung hat den Vorteil, daß ohne besondere Neueinstellung die Messungen sehr rasch aufeinander folgen können. Das ist besonders wichtig, wenn in großer Nähe des Bodens etwa beim Landen eine sehr rasche Folge der Lotungen erwünscht ist. Da der durch den Lichtzeiger erzeugte Linienzug in seinem oberen Teil die Echowelle selbst darstellt und diese nach Stärke und Art abhängig von der Beschaffenheit des Bodens ist, lassen sich bei einiger Übung und Erfahrung auch in dieser Beziehung wertvolle Schlüsse ziehen.

Mit dem beschriebenen Gerät, das in ein Verkehrsflugzeug eingebaut war, wurden im Herbst 1925 bei der Deutschen Versuchsanstalt für Luftfahrt in Adlershof zahlreiche »Luftlotungen« von 60 m abwärts vorgenommen, die mit den geschätzten oder gemessenen Höhen recht gut übereinstimmten.

Die zuletzt von Behm hergestellten Geräte haben sich in vielen Richtungen wesentlich vervollkommnet und vor allem auch rein äußerlich eine selbst für kleinere Flugzeuge recht handliche Form angenommen. Die Bedienung ist äußerst einfach und beschränkt sich hauptsächlich auf die Betätigung der Schußvorrichtung, nachdem das Gerät einmal auf gute Empfindlichkeit und den gewünschten Meßbereich (0—20, 0—100) eingestellt ist. Die Ablesung erfolgt wie bisher an dem Lichtzeiger, der über das senkrechte, schwach gekrümmte Zifferblatt läuft; der Lichtpunkt ist hell genug, um auch bei Tageslicht gut gesehen werden zu können. Die Beobachtung des Echoausschlages im schnellen Ablauf des Lichtzeigers erfordert einige Übung, die aber bald zu sicherer Ablesung gesteigert werden kann. Als Stromquelle genügt ein einziger Stromsammler von 8 Volt Spannung. Die Mikrophone werden gegen mechanische Erschütterungen gut geschützt so angebracht, daß das Echo-Mikrophon besonders gegen den Sender »abgeschirmt« wird, außerdem ist es noch mit einem Schalltrichter *Tr* versehen. Der Sender ist eine automatische Pistole *P* mit nach unten gekrümmtem Lauf und auswechselbarem Magazin. Durch einfaches Hin- und Herbewegen eines Hebels wird bie Pistole mit einer Platzpatrone aus dem Magazin geladen, gespannt, abgezogen, die abgeschossene Patrone ausgeworfen und neu geladen. Auf diese Weise ist es möglich, wenigstens alle Sekunde eine Lotung vorzunehmen, und damit der wünschenswerten fortlaufend beständigen Anzeige recht nahe zu kommen. Das Gewicht der ganzen Anordnung ist nicht erheblich; es beträgt

für das Anzeigegerät mit Schaltkasten . . . . 3,22 kg
die beiden Mikrophonempfänger . . . . . . 1,15 kg
das Schußgerät . . . . 3,00 kg

also insgesamt ohne Batterie . . . . 7,37 kg

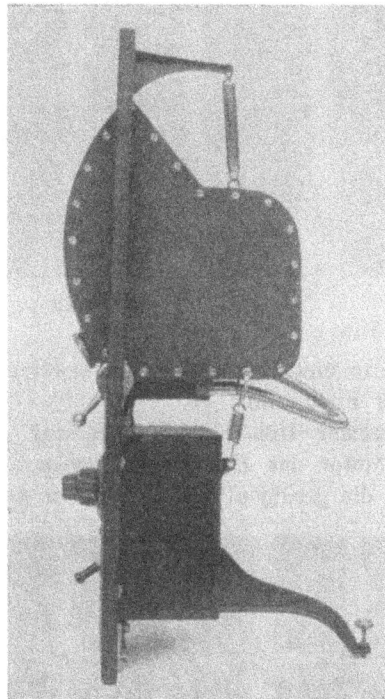

Abb. 10.   Abb. 11.

Das Behmsche Echolot (Abb. 10 u. 11) wurde eingehenden Untersuchungen im Laboratorium, wie auch im Flugzeuge unterworfen, die zurzeit noch fortgesetzt werden. Der Kurzzeitmesser wurde insbesondere durch Vergleich mit einem Oszillographen auf sein genaues und sicheres Arbeiten geprüft; es hat sich ein erfreulich hoher Grad von Zuverlässigkeit ergeben. Ebenso haben die Erprobungen im Flugzeug recht befriedigt. Es gelang, bei gedrosseltem Motor Höhen bis 100 m und mit Knallpatronen von halber Stärke bei vollaufendem Motor Lotungen bis 25 m über See einwandfrei durchzuführen. Besonders schön und bezeichnend für die Güte des Verfahrens ist die Tatsache, daß es gelang, bei auf 1000 Umdr./min gedrosseltem Motor auch noch das Echo vom Echo sicher abzulesen; d. h. die von der Erdoberfläche zurückgeworfene Schallwelle wird von Rumpf und Flächen des Flugzeuges nochmals zurückgeworfen und kehrt dann nach viermaliger Durcheilung des Weges

4*

zwischen Luftfahrzeug und Boden als zweites Echo zu ihrem Ausgangspunkte zurück. Die Abb. 12 und 13 von einer Flugzeuglandung sind von überzeugender Eindringlichkeit; sie berechtigen zu der Hoffnung, daß mit dem Behmschen Echolot die Lösung der Aufgabe der außerbarometrischen Höhenmessung in ganz greifbare Nähe gerückt ist. Die bei den laufenden Versuchen gewonnenen Erfah-

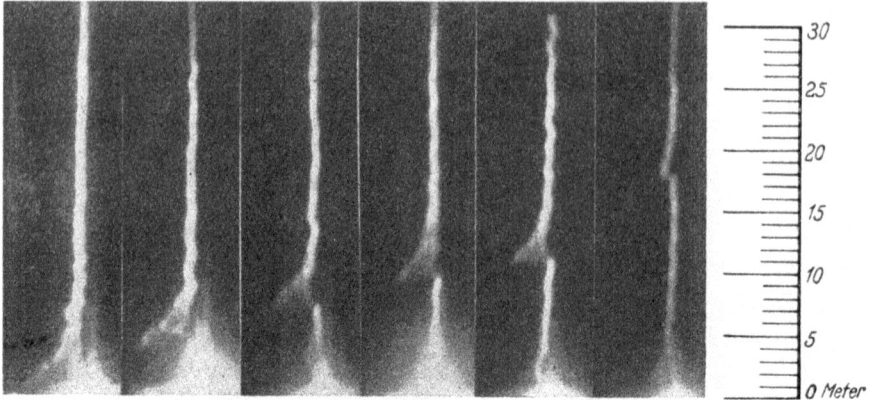

Abb. 12.

rungen werden in einem neuen Gerät verwertet, das diese Hoffnungen vielleicht schon in kurzer Frist erfüllt! —

Bis zu welcher Höhe bei Verwendung normaler Knallpatronen und bei vollaufendem Motor das Echo noch genügend scharf erkennbar ist, läßt sich schwer sagen; die geringen Höhen sind für den Luftfahrer die gefährlichen. Je

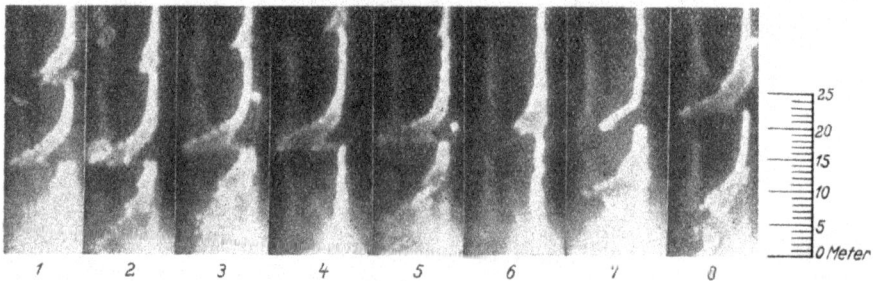

Abb. 13.

geringer die Höhe, um so intensiver das Echo, um so klarer und schärfer die Anzeige des Behm-Luftlotes.

An anderen Verfahren, die Laufzeit des Echos für Luftlotungen zu messen, wird noch an verschiedenen Stellen gearbeitet; indessen sind brauchbare Erfolge von diesen bisher nicht bekannt geworden.

Auch die vorgeschlagene Anordnung, die zurückgeworfene Welle einer gleichmäßig schnell unterbrochenen Schallquelle mit dieser zur Interferenz zu bringen, scheint vorläufig für Flugzeuge wenig aussichtsreich.

3. Elektrische Verfahren.

Die Überleitung von den akustischen zu den elektrischen Höhenmeßverfahren
ist bei dem allerdings vorläufig erst für Wasser erprobten »ultrasonoren Lot« von
Langevin-Chilowsky durch die Anwendung von sehr schnellen und daher unhörbaren Schwingungen gegeben, die ebenso wie die akustischen vom Boden zurückgeworfen und als »Echo« gemessen werden können[5]).

Da das Gerät auch zur Verwendung in Luftfahrzeugen Möglichkeiten bietet,
soll es nachstehend in seiner Arbeitsweise kurz beschrieben werden. Es beruht auf
der Umsetzung elektrischer Schwingungen hoher Frequenz in elastische unhörbare
Schwingungen gleicher Frequenz mit Hilfe des piezoelektrischen ultrasonoren Senders nach Langevin. In diesem Gerät bildet eine Quarzplatte das Dielektrikum
eines Kondensators. Die Kondensatorplatten sind ebene Stahlplatten, zwischen
denen die Quarzplatte eingebettet ist. Legt man an diese eine schwingende elektrische Potentialdifferenz an, so dehnt sich bzw. zieht sich die Quarzplatte infolge
ihrer piezoelektrischen Eigenschaft zusammen. Der Schwingungscharakter wird
ihr von der Frequenz der Schwingungen aufgedrückt. Die so entstehenden elastischen
und ultrasonoren Schwingungen teilen sich den Kondensatorbelegen und dem Wasser
mit, das mit der Außenseite eines der Metallbelege in Berührung steht. Um die
Strahlung dieses ultrasonoren Senders aufs äußerste zu steigern, ist es notwendig,
die ganze Anordnung mechanisch und elektrisch auf Resonanz zu bringen. Ein
weiterer Vorzug des Senders ist der, daß die Schwingungen infolge ihrer sehr geringen
Wellenlänge gerichtet ausgesandt werden können. Dadurch ist es möglich, die
Strahlen auf eine kleine Fläche des Bodens zu sammeln und benachbarte, Echo
bildende Hindernisse abzutasten.

Der piezoelektrische Effekt beim Quarz hat die Eigenschaft, umkehrbar zu
sein, d. h. ankommende elastische Schwingungen in elektrische Energie umzusetzen.
Dadurch ist es möglich, den ultrasonoren Sender auch als Empfänger zu verwenden
und Entfernungen festzustellen. Dies läßt sich auf folgende Weise verwirklichen:
In einem Bruchteil einer Sekunde wird ein Signal vom Sender ausgesandt, eine
selbsttätige Steuerung verwandelt ihn sehr schnell in einen Empfänger und das ein-
treffende Echo wird von ihm aufgenommen. Ist es durch ein Sondergerät möglich,
den Zeitunterschied zwischen Senden und Empfang zu messen, so berechnet sich
die Höhe aus der Gleichung: $h = \dfrac{c \cdot t}{2}$, wo t den Zeitunterschied und c die Schallgeschwindigkeit in dem betreffenden Medium bedeutet.

Natürlich ist die vom Empfänger herrührende Energie so gering, daß sie ver-
stärkt werden muß. Dies geschieht mit dem aus der drahtlosen Telegraphie bekannten Verstärker, der natürlich der ganzen Anordnung angepaßt werden muß.
Durch einen besonderen Umformer können die unhörbaren Schwingungen sichtbar
gemacht werden. Dieser besteht grundsätzlich aus einem Oszillographen, der als
optischer Detektor für die ultrasonoren Strahlen wirkt; an einer Skala wird die
Echozeit bzw. die Tiefe angezeigt. Eine Kontaktvorrichtung löst die ultrasonoren
Strahlen in gleichen zeitlichen Zwischenräumen aus.

Der Meßbereich des Geräts ist auf 4—360 m Wassertiefe beschränkt. Der
Meßfehler des Geräts soll weniger als $^{1}/_{100}$ sec betragen. Da Sender und

Empfänger scharf abgestimmt sind, ist das Lotgerät unempfindlich für Schiffs-geräusche.

An Stelle des Echos akustischer oder ultrasonorer Wellen kann man zur unmittel-baren Höhenmessung auch die Reflexion elektromagnetischer Wellen von der Erd-oberfläche aus benutzen. Da die Fortpflanzungsgeschwindigkeit dieser Wellen gleich der Lichtgeschwindigkeit (3×10^{10} cm/s) ist, kommt zur Messung des Zeitunter-schiedes nur das erwähnte Interferenz-Verfahren in Frage. Es müßte also in diesem Falle die Wellenlänge mit der relativen Höhe des sendenden Luftfahrzeugs in Ein-klang gebracht werden; aus der Abstimmung des Sendekreises und mit Hilfe eines besonderen Interferenzanzeigers würde sich die Höhe über Grund oder jedenfalls von der reflektierenden Fläche ab bestimmen lassen. Nach neueren Nachrichten sind mit derartigen von Jenkins gebauten Geräten in Amerika gute Erfolge bis zu

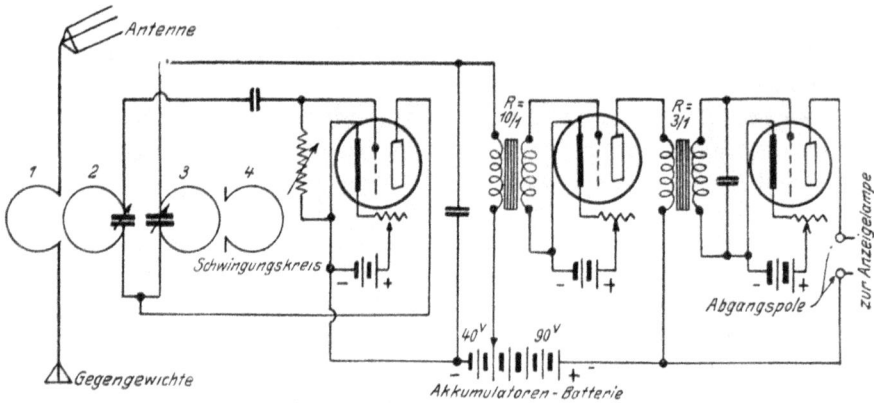

Abb. 14.

größerer Höhe erzielt worden. Ein französischer Bericht[6]) macht über die Arbeits-weise des Geräts folgende Angaben:

»Bei dem Radio-Höhenmesser beträgt die Länge der verwendeten Welle nur 5 m. Wird eine solche Welle von einem Flugzeug ausgesandt, so trifft diese auf die Erdoberfläche, wird dort zurückgeworfen und zum Sendeort zurückgestrahlt.

Wenn die zurückgeworfene Welle phasengleich ist mit der ausgestrahlten Welle, so werden sie sich gegenseitig verstärken. Demzufolge wird im Bordempfangsgerät ein maximaler Strom erzeugt, der genügt, eine kleine Lampe zum Aufleuchten zu bringen.

Man stellt das Empfangsgerät an Bord des Flugzeuges auf eine gewisse Höhe ein, die vorher festgelegt ist. Diese Höhe entspricht dann einer Fläche, in dem sich die beiden Wellenzüge (ausgesandte und zurückgeworfene Welle) so treffen, daß sie phasengleich sind und daß ihre Energie zusammen das Aufleuchten der Lampe hervorruft.

Der »Radiohöhenmesser« besteht aus einen Sender für 5 m Wellen und einem Drei-Röhren-Empfänger (Abb. 14).

Der Sender hat zwei Röhren, ähnlich denen vom Empfänger, als Energie-quelle. Die Sendeantenne ähnelt einer Abstimmungsspule; sie setzt sich zusammen aus zwei Spulen von 5 cm Durchmesser, auf denen je sieben Kupferdrahtwindungen von 1,25 m Gesamtlänge aufgewickelt sind. Die eine Spule dient als regelrechte

Antenne, die andere als Gegengewicht. Eine Akkumulatorenbatterie heizt die Röhren, eine andere Batterie liefert 90 Volt Spannung.

Die Stärke des Senders ist so gewählt, daß er bis zu einer Höhe von 3000 m über dem Erdboden strahlt. Für eine noch größere Höhe würde es naturgemäß nötig sein, richtige Senderöhren von 5—10 Watt zu nehmen.

Der Empfänger hat drei Röhren. Die Empfangsantenne besteht aus einem biegsamen Kupferstab, den man je nach Wunsch verkürzen oder verlängern kann.

Der Empfänger ist vom Sender getrennt, damit dieser keine unmittelbare Einwirkung auf den ersten hat. In der Praxis werden die beiden Geräte in gegenüberliegenden Ecken des Rumpfes angebracht.

Die kleine Anzeigelampe ist auf dem Gerätebrett vor dem Führer angebracht. Das Leuchtzeichen ist zugleich eine sehr empfindliche Vorrichtung, um die Stärke der von der Erdoberfläche zurückgeworfenen und beim Flugzeug eintreffenden Wellen zu messen. Das Gerät arbeitet selbsttätig.«

Über die »Tatsächlichen Ergebnisse« heißt es weiter:

»Der Radiohöhenmesser hat bereits das Stadium der Laboratoriumsversuche hinter sich. Versuche für praktische Zwecke sind von dem Luftpostdienst des U. S. Post Departement vorgenommen und bis heute sind sehr zufriedenstellende Ergebnisse gewonnen, wonach verschiedentlich Handelsflugzeuge und alle Flugzeuge der amerikanischen Regierung mit einem Radiohöhenmesser ausgerüstet wurden, der ihnen erlauben wird, mitten in der Nacht und ganz sicher dem dichtesten Nebel zu trotzen.« —

Bei der elektrischen Höhenmessung von Luftfahrzeugen kann man den schon länger bekannten Umstand benutzen, die Änderung der Kapazität einer frei herabhängenden Flugzeug-Antenne bei Annäherung an den Boden zu messen. Das Verfahren ist in letzter Zeit, insbesondere auf den Vorarbeiten von Dr. Löwy, Wien, fußend, von den Junkers-Werken in Dessau und E. F. Huth, Berlin, weitergebildet worden. Es wird dabei die elektrostatische Kapazität des Flugzeugs gegenüber dem Erdboden mit Hilfe einer besonderen Hilfsfläche gemessen; allerdings setzt die Messung der kleinen Kapazitätsänderungen, obwohl sie bei Annäherung an den Boden entsprechend zunehmen, doch ein so überempfindliches Meßverfahren voraus, daß seine Anwendung im Flugzeug zunächst schwierig erscheint. Abgesehen davon, ist zu erwähnen, daß bei Messung der Kapazitätsänderungen wohl die Beschaffenheit des Bodens eine noch größere Rolle spielen dürfte, als beim akustischen Verfahren. Es ist mit Sicherheit anzunehmen, daß der Grundwasserspiegel oder andere leitende Flächen innerhalb der Erde leicht zu falschen Schlüssen über die wahre Höhe über Grund führen können.

Die Arbeitsweise des Kapazitäts-Höhenmessers ist folgende:

Es wird unter dem Luftfahrzeug ein Kondensator derart angeordnet, daß die Belege zweckmäßig gegeneinander geringe, gegen die Erdoberfläche aber große Kapazität haben. Das wird am besten durch wagerechte Flächen erzielt, wobei bei Metallflugzeugen auch Rumpf und Flügel als ein leitender Beleg angesehen werden kann; selbstverständlich muß die »Hilfsfläche« dann von dem Flugzeug selbst elektrisch isoliert werden.

Der in dieser Weise entstandene Kondensator wird in einen elektrischen Schwingungskreis gelegt, dessen Wellenlänge sich zugleich mit der durch Annäherung an den Boden zunehmenden Kapazität ändert und in einem Resonanzkreis gemessen werden kann. In diesem Resonanzkreis liegt ein anzeigender Wellenmesser, der unmittelbar die Höhe anzeigt. Die Schaltung ist grundsätzlich folgende (Abb. 15): Der aus Flugzeug und Hilfsfläche F bestehende Kondensator K wird durch eine Energiequelle E (Summer oder vorhandene Funkanlage) zu Schwingungen erregt; er entlädt sich in die Kopplungsspule L, überträgt diese Schwingungen auf den Meßkreis, der den Wellenanzeiger enthält. Dieser besteht aus einem umlaufenden Drehkondensator, auf dessen Achse zugleich eine Glimmlampe sitzt, die jedesmal in

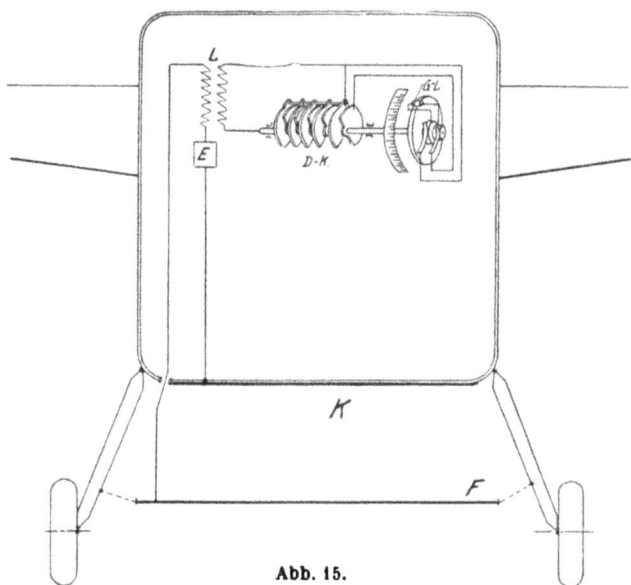

Abb. 15.

Resonanzstellung aufleuchtet und infolge des stroboskopischen Effektes als Lichtzeiger benutzt werden kann.

Es gelang, mit dem Gerät von etwa 10 m abwärts Höhen zu messen; die Genauigkeit der Ablesung, also der Skalenwert nimmt mit Annäherung an den Boden erheblich zu, so daß beim Landen der letzte Skalenbereich außerordentlich schnell durchlaufen wird. Die Behandlung des Gerätes ist infolge der außerordentlich hohen Empfindlichkeit umständlich und setzt besondere hochfrequenztechnische Kenntnisse voraus. Weitere Versuche mit einem verbesserten Gerät sind im Gange. Es muß sich dabei erweisen, ob der Kapazitäts-Höhenmesser grundsätzlich und meßtechnisch als Höhenmesser für Luftfahrzeuge in Frage kommt.

Wie weit die heute als sehr wichtiges Navigationsmittel für Luftfahrzeuge recht vervollkommnete drahtlose Peilung in ihrer besonderen Anwendung als »Raumpeilung« zur Höhenbestimmung mit benutzt werden kann, läßt sich noch schwer übersehen. Beim Peilen entfernter Sendeanlagen dürfte kaum eine zureichende Genauigkeit zu erzielen sein; die Möglichkeit genauerer Höhenpeilungen über Flugplätzen beim Landen ist dagegen grundsätzlich nicht ausgeschlossen.

4. Mechanische Verfahren.

Als reiner Notbehelf bei Landungen in dunkler Nacht oder bei Bodennebel ist von einzelnen Fliegern ein Verfahren häufig angewendet worden, das als »mechanischer Höhenmesser« mit erwähnt werden muß. Hängt man aus dem Luftfahrzeug eine Sonde in Form einer Antenne heraus (während des Krieges mußte dazu auf See auch öfters ein an eine Leine gebundener Karabiner dienen), so läßt sich durch derartige Taster sehr wohl die Erreichung einer gewissen Bodennähe feststellen. Es sind sogar besondere Geräte aus leichten Stahlrohren oder nach vorn abgespannten Antennen in Verbindung mit Anzeigevorrichtungen entwickelt worden, die nach dem Grundsatz »besser als gar nichts« in besonderen Fällen wohl nützlich sein können; auf See ist die Anwendung derartiger Landungsmesser ungefährlich und sicher heute noch der zuverlässigste und einfachste Höhenmesser für kleine Höhen bzw. Landung. Aus diesem Grunde haben aber die mechanischen Verfahren navigatorisch nur sehr geringes Interesse.

5. Ballistische Verfahren.

Ein Luftverkehrsgesetz verbietet das Herauswerfen von Gegenständen aus Luftfahrzeugen; in kultivierten und bewohnten Gebieten ist die Anwendung des folgenden aus Kriegserfahrungen und Kriegsgebräuchen entstandenen Verfahrens also unstatthaft. Trotzdem besitzt es für gewisse Gegenden, Polargebiete, Wüsten, entlegene See usw. Bedeutung. Ist nämlich die Fallgeschwindigkeit einer Knallbombe bekannt, so ergibt sich aus der zwischen Abwurf und beobachtetem Aufprall am Boden gestoppten Zeit recht gut die relative Höhe. Ist der Aufprall wegen Nebel oder in der Nacht nicht feststellbar, so wird die Zeit vom Abwurf bis zum Eintreffen der Schallwelle des Knalls vom Boden aus gemessen; auch so erhält man ein recht zuverlässiges Maß für die Höhe. Dieses Verfahren ist in der Seefahrt als Fall-Lot bekannt und bewährt. Als »Luft-Fall-Lot« können »Knallerbsen« in genügender Größe dienen, deren Explosion möglichst laut, deren zerstörende Wirkung aber recht gering gehalten werden kann. Zur Feststellung der Höhe über See ist das Verfahren recht geeignet, besonders wenn man sich durch Augenschein davon versichern kann, daß der Knallkörper nicht etwa einem Schiff aufs Deck oder in den Schornstein fällt! —

6. Aerologische Verfahren.

a) Luftdruckmessung

Die Luft lastet auf der Erdoberfläche mit einem Druck, der in der Höhe des Meeresspiegels im Mittel dem Gewicht einer Quecksilbersäule von 760 mm Höhe gleichkommt; das entspricht auf einem Quadratmeter Grundfläche einem Druck von 10330 kg. Denkt man sich diesen Druck entstanden durch eine Säule von Luft gleicher Beschaffenheit, d. h. gleicher Temperatur (etwa 0°) und gleichen Drucks (etwa 760 mm Quecksilber), also gleicher »Wichte«, so müßte eine solche Luftsäule eine Höhe von 7991 oder rund 8000 m haben. Es gilt also die Beziehung, daß unter Nichtberücksichtigung der Temperatur einem Anstieg in der Lufthülle um 1 m eine Druckabnahme von $\frac{1}{8000}$ des dort herrschenden Druckes oder allgemein einer Höhenänderung von 80 m eine Druckänderung von 1% entspricht. Nun ist die Temperatur der Lufthülle aber nicht gleich, sie nimmt im allgemeinen nach oben hin ab. Beträgt die mittlere Lufttemperatur der Luftsäule t^0, so ist die Höhenstufe von 80 m durch eine solche von $80\left(1 + \frac{t}{273}\right)$ zu ersetzen, sie ändert sich also je Grad um etwa 4%/00 ihres Wertes. Das gibt die Möglichkeit, den Höhenunterschied zweier Orte mit bekanntem Luftdruck und bekannter Mitteltemperatur nach der barometrischen Höhenformel

$$h = 8000\,(1 + a\,t^0)\,\log \text{nat}\,\frac{B_1}{B_2}\ \text{Meter}$$

oder in Briggschen Logarithmen

$$h = 18400\,(1 + a\,t^0)\,\log\frac{B_1}{B_2}\ \text{Meter zu berechnen.}$$

(Die ganz strenge Formel, die auch den Einfluß von Feuchtigkeit und Schwerkraftbeschleunigung berücksichtigt, kommt für navigatorische Aufgaben nicht in Frage.)

Ist also der Bodenluftdruck bekannt, der Luftdruck im Luftfahrzeug in der Höhe selbst gemessen, so berechnet sich die Höhe über dem Boden aus dem Verhältnis der beiden Drücke, wobei die geschätzte mittlere Temperatur t der Zwischenschicht eine zusätzliche Berichtigung ergibt, die für navigatorische Zwecke durchaus genügt.

Zur Vereinfachung der Höhenberechnung dient die folgende Tabelle, die die den verschiedenen Druckverhältnissen entsprechenden Höhenstufen enthält. Es genügt also, den Quotienten $\frac{B_1}{B_2} = n$ mit Rechenschiebergenauigkeit zu ermitteln und dann den aus der Tabelle entnommenen Wert um $t \cdot 4$%/00 zu erhöhen.

Tabelle der Höhenzahlen.[7]

n	0	1	2	3	4	5	6	7	8	9	10
1.0	—	79	158	236	313	390	466	541	615	689	762
1,1	762	834	906	977	1047	1117	1186	1255	1323	1390	1457
1,2	1457	1524	1590	1654	1718	1782	1846	1910	1973	2035	2097
1,3	2097	2158	2219	2279	2338	2397	2456	2515	2573	2631	2688
1,4	2688	2745	2802	2858	2913	2969	3025	3080	3134	3187	3240
1,5	3240	3293	3346	3398	3450	3502	3553	3604	3655	3705	3755
1,6	3755	3805	3854	3903	3952	4001	4049	4098	4146	4193	4239
1,7	4239	4286	4333	4379	4425	4471	4517	4563	4608	4653	4698
1,8	4698	4742	4786	4829	4872	4916	4959	5002	5045	5088	5130
1,9	5130	5172	5213	5255	5296	5337	5378	5419	5459	5499	5539
2	5539	5929	6301	6656	6996	7321	7636	7936	8227	8508	8779
3	8779	9041	9294	9540	9778	10010	10237	10455	10669	10876	11078
4	11078	11270	11468	11656	11840	12019	12195	12367	12535	12700	12860
5	12860	13020	13175	13327	13475	13622	13766	13908	14047	14185	14318
6	14318	14452	14580	14708	14833	14957	15079	15200	15317	15434	15549
7	15549	15663	15776	15885	15924	16101	16208	16312	16415	16517	16617
8	16617	16715	16814	16915	17007	17099	17195	17287	17379	17470	17560
9	17560	17646	17734	17820	17906	17990	18074	18157	18239	18319	18399
10	18399	18478	18577	18635	18712	18789	18865	18940	19014	19088	19161

Nun ist es für die meisten Fälle genügend, die Luftdruck- und Temperatur verteilung in der Lufthülle für den mittleren Zustand, also einen angenommenen »Normaltag« festzulegen und so aus einer Luftdruckmessung im Luftfahrzeug selbst unmittelbar auf seine Höhe zu schließen. Dazu wurde ein mittlerer Bodendruck von 762 mm Hg, eine mittlere Bodentemperatur von 10° C und ein Temperaturgefälle von 5° auf 1000 m Höhe zugrunde gelegt.[8])

Es ergibt sich also für die Normallufthülle folgender Aufbau (s. Tabelle).

Deutsche Normal-Lufthülle.

Höhe m	Luftdruck mm QS	Temperatur °C	Luftwichte kg/m³
— 500	808	+ 12,5	1,312
0	762	+ 10	1,250
500	717	+ 7,5	1,188
1000	675	+ 5	1,127
1500	634	+ 2,5	1,069
2000	596	0	1,013
2500	560	— 2,5	0,960
3000	525	— 5,0	0,910
3500	493	— 7,5	0,862
4000	462	— 10,0	0,815
4500	433	— 12,5	0,770
5000	405	— 15,0	0,729
5500	379	— 17,5	0,689
6000	355	— 20,0	0,651
6500	332	— 22,5	0,614
7000	310	— 25,0	0,579
7500	289	— 27,5	0,546
8000	270	— 30,0	0,515
8500	251	— 32,5	0,483
9000	233	— 35,0	0,454
9500	217	— 37,5	0,427
10000	202	— 40,0	0,405

Nach dieser Druckverteilung werden die Höhenangaben der barometrischen Höhenmesser durch Vergleich mit einem Quecksilberbarometer geeicht; ihre Anzeige entspricht also dem jeweils herrschenden Luftdruck und ist von dessen Änderung aus meteorologischen Gründen abhängig. Daher kann der barometrische Höhenmesser allein auch nur für den »Normaltag« als absoluter Höhenmesser gelten; im übrigen mißt er die Erhebung über derjenigen Luftschicht, die den normalen Bodenbedingungen am nächsten kommt und diese kann um mehrere hundert Meter über oder auch unter dem Meeresspiegel liegen. Dem läßt sich dadurch Rechnung tragen, daß die Höhenteilung des Gerätes so verschoben wird, daß die angezeigte Höhe der (absoluten) Seehöhe des Luftfahrzeuges auf dem Startplatz entspricht. Für kurze Luftreisen und geringe Ortsänderungen genügt das zur hinreichend genauen Ablesung der jeweiligen Höhe. Da sich der Luftdruck aber mit der Zeit und dem Orte recht erheblich ändern kann, wird die Höhenskala sehr bald falschen Höhenwerten entsprechen und es ist dann vorzuziehen, eine reine Luftdruckmessung vorzunehmen und durch Berücksichtigung des vielleicht drahtlos übermittelten Bodendrucks eine Höhenberechnung in der oben beschriebenen Weise vorzunehmen.

b) Luftwichte-Messung.

Aus einer gleichzeitigen Bestimmung von Luftdruck und Temperatur am Orte des Luftfahrzeuges läßt sich die Wichte der umgebenden Luft nach der Formel $\left(\gamma = 0{,}4645 \cdot \dfrac{B}{T}\right)$ bestimmen. Da die Luftwichte, wie gezeigt, eindeutig einer bestimmten Normalhöhe zugeordnet ist, läßt sich die Luftwichte-Messung auch als aerologisches Verfahren zur Höhenbestimmung ansehen. Navigatorisch ist sie indessen, abgesehen von gasgetragenen Luftfahrzeugen, bedeutungslos; dagegen sehr wichtig, um die Leistungen eines Luftfahrzeuges, die ja ganz wesentlich von der Luftwichte abhängig sind, richtig zu würdigen oder mit solchen, die unter anderen meteorologischen Verhältnissen festgestellt werden, zu vergleichen.

c) Meßgeräte.

Zur Messung des Luftdruckes kann man sich der üblichen flüssigen oder trockenen Druckmesser bedienen oder den Druck in Abhängigkeit von der Siedetemperatur des Wassers ermitteln. Als Flüssigkeits-Druckmesser kommen für Luftfahrzeuge lediglich Quecksilberbarometer in Frage; ihre Anwendung ist aber wegen des hohen Gewichtes und der erheblichen Bruchgefahr ausschließlich auf gasgetragene Luftfahrzeuge und auch hier nur für besonders genaue Messungen bzw. Forschungen beschränkt.

Wesentlich angenehmer in der Handhabung und für die meisten Aufgaben von hinreichender Genauigkeit sind die Trocken-Druckmesser, die als Vidi-(Aneroid-) Dosen oder auch als Bourdonrohre ausgebildet sein können[9]). Grundsätzlich wird jedenfalls die mit jeder Änderung des Außendruckes verbundene Formänderung der elastischen nahezu luftleeren Metalldose bzw. eines Metallrohres gemessen.

Diese sehr kleinen Formänderungen werden durch geeignete Hebelwerke sehr stark übersetzt (50- bis 100 fach) und in einem Zeiger- oder Schreibwerk leicht ablesbar gemacht. Der Skalenwert der Höhenteilung nimmt entsprechend der Vergrößerung der Druckstufen nach oben hin ab; das entspricht zugleich den praktischen Wünschen, die eine genauere Unterteilung der niederen Höhen verlangen.

Es erübrigt sich, auf die bekannte Bauart der Höhenmesser näher einzugehen; dagegen erscheint eine kurze Erwähnung ihrer grundsätzlichen Mängel angebracht. Diese Mängel sind hauptsächlich darin begründet, daß jeder Höhenmesser eine Federwage darstellt und alle unangenehmen Eigenschaften elastischer Federn notwendig mitenthalten muß. Das sind vor allem die Abhängigkeit von der Temperatur und die elastische Nachwirkung. Die elastische Kraft einer Feder nimmt zu bei abnehmender, sie sinkt bei steigender Temperatur; also stimmt eine Eichung nur für eine gewisse Temperatur. Nun läßt sich aber der Umstand, daß die in einer Dose eingeschlossene Luft bei steigender Temperatur eine Druckerhöhung, bei sinkender Temperatur eine Druckerniedrigung erfährt, dazu benutzen, einen Ausgleich herbeizuführen. Enthält also eine Dose eine gewisse Luftmenge, so wird sie bei einem ganz bestimmten Druck durch innere Druckänderungen den elastischen Änderungen der Feder bei verschiedenen Temperaturen das Gleichgewicht halten. Man hat es in der Hand, diesen sog. »Kompensationsdruck« durch entsprechende

Luftfüllung einer Höhe anzupassen, in der man die größte Genauigkeit der Anzeige wünscht.

Weit unangenehmer sind die allen federnden Baugliedern mehr oder weniger anhaftenden elastischen Nachwirkungen; d. h. eine Feder folgt nur »unwillig« einer äußeren spannenden Kraft und kehrt, ohne daß sie etwa überbeansprucht wäre, nur langsam gleichsam »erschöpft« in ihren früheren Zustand zurück. Das äußert sich praktisch so, daß ein Höhenmesser um einen gewissen Betrag »nachhinkt«, nämlich beim Anstieg zu niedere, beim Abstieg zu hohe Werte anzeigt. Besonders der letzte Fall ist für die Praxis sehr unangenehm, da so bei unsichtigem Wetter noch genügend sichere Flughöhen angezeigt werden können, während sich das Luftfahrzeug tatsächlich schon in bedrohlicher Nähe des Erdbodens befindet. Dabei ist diese Abweichung von der wahren Anzeige nicht eindeutig erfaßbar; sie ist durchaus abhängig von der Vorbehandlung des betreffenden Gerätes. Der Fehler durch die elastische Nachwirkung ist groß, wenn der Dosensatz zum ersten Male oder nach längerer Ruhe und rasch den Druckwechsel durchlaufen muß; er wird kleiner, wenn durch wiederholten raschen Druckwechsel eine geeignete Vorbehandlung (künstliches Altern, Massieren) erfolgte. Indessen kehrt auch dann das Gerät schon nach kurzer Zeit in den »jungfräulichen Zustand« zurück, so daß es sich eigentlich bei jeder neuen Luftreise in diesem befindet.

Es sind verschiedene Mittel versucht worden, die elastische Nachwirkung der Höhenmesser zu beseitigen. Der Vorschlag von Bennewitz, durch eine Art Brückenanordnung zweier Dosen gleicher elastischer Eigenschaften die Nachwirkung auszugleichen, bietet in der Praxis und vor allem für die Massenherstellung doch recht große Schwierigkeit. Am besten ist es noch, durch Wahl der geeigneten Baustoffe und strengste Auslese bei der Herstellung den Fehler möglichst klein zu halten. Weiter ist dafür Sorge zu tragen, daß die Beanspruchung der Geräte möglichst weit unterhalb der Elastizitätsgrenze der verwendeten Baustoffe bleibt. Bei einem nur innerhalb eines kleinen Bereichs beanspruchten Gerät wird daher auch die elastische Nachwirkung sehr gering. Eine geschickte Anwendung dieses Umstandes stellt der Landungsmesser dar, bei dem die elastische Beanspruchung der Dose bei Überschreitung eines bestimmten Bereiches durch die Außenkapsel b aufgenommen wird (Abb. 16). Eine andere interessante Anordnung auf ähnlicher Grundlage ist der Stufenhöhenmesser[3]).

Abb. 16.

Zur barometrischen Höhenmessung kann weiter der Umstand benutzt werden, daß die Siedetemperatur des Wassers abhängig ist von der Größe des Luftdruckes; es entspricht einer Druckänderung von 1 mm Hg eine Änderung der Siedetemperatur des Wassers um etwa $1/25^0$ C. Mit Hilfe besonderer Geräte (Hypsometer) und entsprechender Vorsichtsmaßregeln ist es möglich, auf diese Weise Druckbestimmung mit einer Genauigkeit von $1/10$ mm Hg sicher durchzuführen. Das ist eine Feinmessung, die weit über das Maß der für die Navigation geförderten Genauigkeit hinausgeht, aber für Sonderaufgaben und wissenschaftliche Untersuchungen, gegebenenfalls auch zur Eichung und Nachprüfung der gebräuchlichen Höhenmesser auf längeren Luftreisen eine gewisse Bedeutung besitzt.

Die barometrische Höhenmessung bietet auch die Möglichkeit, in besonderer Anordnung ganz bestimmte Luftschichten einzuhalten (Statoskop) oder die Steig- und Sinkgeschwindigkeit festzustellen (Variometer). Beim ersten Gerät wird also nur die Abweichung von einem Ausgangswert — Druck oder Dichte einer abgeschlossenen Luftmenge gegenüber Außenluft — gemessen; beim zweiten Gerät wird die Änderungsgeschwindigkeit von Druck oder Dichte dadurch ermittelt, daß sich die abgeschlossene Luftmenge durch eine feine Öffnung oder ein Haarrohr mit der Außenluft stark verzögert ausgleichen kann. Der durch die Verzögerung des Ausgleiches entstehende Druckunterschied gibt ein Maß für die Geschwindigkeit der Höhenänderung. — Beide Geräte haben mehr fahr- bzw. flugtechnische als navigatorische Bedeutung.

Auf die Mängel der barometrischen Höhenmessung wurde bereits hingewiesen. Auf einen sehr häufig übersehenen Fehler muß noch besonders aufmerksam gemacht werden; das ist die aerodynamische Störung des statischen Druckes in und um rasch bewegte Luftfahrzeuge. Dieser Fehler ist abhängig vom Staudruck, dem Anstellwinkel und dem Ort der Anbringung des Meßgeräts; er kann bis zu 2 mm Hg betragen, d. s. in Bodennähe also über 20 m! Zu vermeiden ist dieser störende Einfluß, der sich ganz besonders bei Statoskopen und Variometern bemerkbar macht, durch luftdichten Abschluß der Meßgeräte und Ausgleich durch eine Rohrleitung, die an einer Stelle mit möglichst ungestörtem statischen Druck mündet.

Es muß erwähnt werden, daß beim Fahren oder Fliegen in der gleichen Luftschicht mit Hilfe des barometrischen Verfahrens und gleichzeitiger relativer Höhenbestimmung nach einem anderen Verfahren (optisch, akustisch, elektrisch, ballistisch) die Seehöhe des überflogenen Geländes ermittelt werden kann. Damit ist bei unsichtigem Wetter ein den Lotungen in der Seefahrt ähnliches Mittel zur Ortsbestimmung gegeben.

Umgekehrt kann bei bekannter Seehöhe des überflogenen Geländes und gemessener Höhe über Grund der im Luftfahrzeug festgestellte Luftdruck meteorologisch gewertet werden; eine Tatsache, die zur Beurteilung der Wetterlage bei längeren Luftreisen größte Bedeutung besitzt.

Zusammenfassung.

Über die Höhenmessung in der Luft-Navigation kann zusammenfassend folgendes gesagt werden:

Der Luftfahrer muß zur sicheren Führung seines Luftfahrzeuges jederzeit in der Lage sein, dessen Höhe über Grund zu bestimmen (relative Höhenmessung).

Die persönliche optische Höhenschätzung ist und bleibt von höchster Bedeutung für die Luftfahrzeugführung.

Besonders wegen ihrer überragenden Einfachheit und der für die meisten Zwecke hinreichenden Genauigkeit hat sich die barometrische Höhenmessung bewährt. Sie gestattet wenigstens bei Überfliegen bekannter Höhen einen sicheren Abstand über Grund zu wahren; sie ist bedingt brauchbar zur Feststellung der relativen Höhe über bekanntem Gelände; sie ist unzulänglich zur Landung bei unsichtigem Wetter.

Die schwierigste Aufgabe ist der Höhenmessung in Luftfahrzeugen bei Flug und besonders bei Landung im Nebel gegeben:

Optische Verfahren versagen;

die barometrische Höhenmessung ist zu ungenau;

mechanische und gegebenenfalls ballistische Verfahren sind auf See bedingt brauchbar;

die Kapazitätshöhenmessung ist erst in Entwicklung;

die Echolotungen mit dem Behmschen Luftlot sind in der letzten Zeit so vervollkommnet worden, daß von diesem Gerät eine für die Luft-Navigation hinreichend genaue und zuverlässige Höhenmessung zu erhoffen ist.

Schrifttum.

1. W. Meißner, Entfernungs- und Höhenmessung in der Luftfahrt; Sammlung Vieweg Nr. 61.
2. K. Bennewitz, Flugzeuginstrumente, Handbuch der Flugzeugkunde, Bd. VIII, Berlin, R. C. Schmidt, 1922, S. 75 ff.
3. F. Thilo, Die Verwendung des spieg. Reflektors im Luftverkehr; Zeitschrift f. techn. Physik, 6. Jahrg., Nr. 10, 1925, S. 515.
4. A. Behm, Das Behmlot. Seine Entwicklung als akustischer Höhenmesser für Luftfahrzeuge; Berichte und Abhandlg. d. ZFM. 13. Heft, 1926, S. 56 ff.
5. Procédés Langevin-Chilowsky pour l'utilisation des Ultra-Sons Soct. d. Condensation et d'application mec; 10 Pl. Edourd Paris.
6. La T. S. F. Moderne, 7. Jahrgang, Nr. 70, S. 198, April 1926, Le Radio-Altimètre, M. Papin (A. R. R. L.)
7. R. Emden, Grundlagen der Ballonführung, Teubner-Leipzig.
8. H. Blasius, Wertung der Steigfähigkeit; T. B. Bd. III, Heft 6, S. 193.
9. E. Warburg u. W. Heuse, Über Aneroide; Zeitschrift f. Instrumentenkunde. 39, S. 41—55, 1919.

www.ingramcontent.com/pod-product-compliance
Lightning Source LLC
Chambersburg PA
CBHW081244190326
41458CB00016B/5912